원자력신화로부터의 해방

원자력신화로부터의 해방

다카기 진자부로 | 김원식 옮김

녹색평론사

原子力神話から解放 — 日本を滅ぼす九つの呪縛
by 高木仁三郎
Copyright © 2000 by Jinzaburo Takagi
Korean translation copyright © 2001 by Greenreview Publishing.
Originally published in Japanese by Kobunsha, Tokyo in 2000

목차

서장　**원자력의 역사를 총괄한다**　10
　　　JCO 임계사고의 충격 ㅣ '일탈행위'를 일으킨 것은 누구인가
　　　교훈을 배우지 못한 사고조사위원회
　　　정부가 인정한 '안전신화'의 붕괴
　　　'목표년도'로서의 2000년 ㅣ 탈원전을 결정한 독일정부

제1장　**원자력발전의 근본문제**　21
　　　원자핵과 핵에너지 ㅣ 원자핵도 불변(不變)이 아니다
　　　핵분열과 그것의 연쇄 ㅣ 핵분열현상 발견에서 핵무기개발로
　　　1밀리그램의 우라늄이 연소했을 뿐인데
　　　원자력개발의 불행한 출발
　　　판도라의 상자를 열어버린 인류 ㅣ 방사능과 '죽음의 재'
　　　유전자에 미치는 영향과 '원자로의 아버지'의 경고
　　　끌 수 없는 불 ㅣ 직접 전력이 되지 않는 핵에너지
　　　파국적 사고의 가능성은 항상 있다

제2장　**'원자력은 무한한 에너지원'이라는 신화**　43
　　　잔학성과 장밋빛 기대 사이에서

유가와 히데키 씨가 시로 나타낸 감회
'가상'에 불과한 '무한한 에너지원'
개발 초기부터 있었던 의문점 | 핵무기 개발경쟁 시대로
정치적 목적의 선언, '아톰즈 포 피스'
산업적인 필연성이 없었던 원자력 이용 | 미국의 원자력신화
어느 청년 정치가에 의한 강행돌파
금융자본주의는 기술적 기반의 취약성을 낳았다
구 재벌을 재편시킨 원자력
차츰 희박해진 원자력의 다양한 가능성
매장량이 많지 않은 천연 우라늄
고속증식로는 도깨비방망이가 아니다
애당초 있을 수 없는 '무한한 에너지원'

제3장 '원자력은 석유위기를 극복한다'는 신화 72

이용당한 석유위기 | 원자력은 전력공급의 주류가 되지 못했다
편리한 석유와 융통성 없는 원자력
왜 원자력의존도가 높아졌는가
미쓰비시·도시바·히타치를 위한 원자력

제4장 '원자력의 평화이용'이라는 신화 84

왜 '평화이용'인가 | 핵확산방지조약의 본질
인도 핵실험 '미소짓는 부처님'이 준 충격
기술적으로 규정할 수 없는 핵의 평화이용
심각한 아시아의 핵 상황

일본의 플루토늄으로 원자탄은 만들 수 없다?
대단히 위험한 일본의 입장
일본의 기술 수준은 아시아의 군사적 위협

제5장 '원자력은 안전하다'는 신화 99
양키스타디움에 운석이 떨어질 확률
실제로는 10년에 한번꼴로 대사고가 있었다
의도적인 안전신화 만들기
마침내 파탄에 이른 '원자력 안전백서'
다중방호시스템으로 방사능을 가둬둘 수 있는가
단 한가지 원인으로 방호시스템은 완전히 무너질 수 있다
공학적인 '벽'으로 방어할 수 없는 문제
'원자력사고는 반드시 일어난다'는 것을 전제로

제6장 '원자력은 값싼 에너지를 공급한다'는 신화 119
미국에서는 20년도 더 전에 붕괴된 신화 | 전력자유화 시대가 왔다
새로운 신화 만들기에 열을 올리는 일본정부
'원전 내용연수(耐用年數) 40년'은 마술 | 무리하게 짜맞춘 신화
계산에 포함되지 않은 비용들

제7장 '원자력발전소는 지역발전에 기여한다'는 신화 136
'기피시설'이 된 원자력발전소 | 쓰루가(敦賀)시장의 솔직한 발언
몬쥬 사고와 3개 현(縣) 지사의 제언
원자력산업회의에서 기조발제를 하다

    원자력발전소 유치에서 오는 이득은 무엇인가
    원전 도입에 따르는 '마약효과'

제8장 '원자력은 깨끗한 에너지'라는 신화 151
    지구온난화와 원자력발전소
    원전 증설은 이산화탄소 배출을 조장한다
    전력화율(電力化率) 상승이 가져다주는 것
    지구온난화를 촉진하는 '청정 신화'
    방사능에 눈을 감은 '청정 신화'의 비과학성
    이산화탄소와 방사능의 위험도 비교 | 차츰 강조되는 에너지 절약
    비현실적인 원전 증설계획의 실태
    전력의 시장경쟁은 '청정 신화'의 숨통을 끊는다

제9장 '핵연료는 리사이클할 수 있다'는 신화 170
    절망적인 플루서멀·MOX계획 | 말뿐인 리사이클 계획
    리사이클로 방사능이 증가된다
    재처리공장 주변에서 증가하는 소아백혈병
    플루서멀 계획의 실상은 플루토늄 소각 계획
    '사용한 연료'를 '리사이클 연료'라고 부르는 어리석은 생각

제10장 '일본의 원자력기술은 우수하다'는 신화 185
    미국에서 직수입된 원전기술
    일본의 독자적 기술 시도는 실패의 연속
    동연(動燃)의 역사는 파탄의 역사

제11장 원자력문제의 현재와 미래

제1절 원자로의 노후화 증후군　194
원전의 내용연수(耐用年數)는 어느 정도인가
노후화를 '고경년화(高経年化)'라 고쳐 말한 정부
가압수형 원전의 아킬레스건, 증기발생기
우려되는 대사고 가능성

제2절 원자력산업의 사양화 증후군　204
거의 모든 사고가 '내부고발'로 밝혀졌다
사고 은폐, 의도적인 수정 및 날조
마침내 악의에 찬 파괴행위까지 발생했다
원자력산업은 끈 떨어진 연이다

제3절 폐로 시대의 여러가지 문제　212
비용과 안전성 사이에서 ｜ 원자로의 수명은 30년
지금이야말로 '탈원전'을 요구할 때 ｜ 핵쓰레기 '정리'

제4절 방사성폐기물과 잉여 플루토늄 문제　224
'화장실 없는 맨션' 상황
원자탄 4천발분의 잉여 플루토늄을 보유한 일본
과연 일본은 국제공약을 지킬 수 있는가
폐기물로 다루어야 할 플루토늄

판도라의 상자를 닫을 수 있는가　책을 끝내면서　233

옮긴이의 말　236

서장
원자력의 역사를 총괄한다

JCO 임계사고의 충격

이 책을 쓰게 된 동기부터 말하겠다. 나는 이미 원자력에 관해 꽤 많은 책을 썼기 때문에 이제 와서 새삼 더 얘기할 게 있겠는가 하고 생각했었다. 작년(1999년)에는, 지금까지의 내 인생을 돌아보면서 《시민과학자로 살다》를 썼는데, 그것은 원자력문제에 관한 내 생각의 하나의 결론인 셈이다. 그런데 그 뒤로 나는 원자력 '비판'에서 앞으로 한걸음 더 나가보려는 생각을 하게 되었다. 그리고 이 책을 써보고 싶은, 아무래도 쓰지 않으면 안되겠다는 생각을 2000년 새해를 맞으면서 하게 되었다.

그런 생각을 하게 된 데는 크게 두가지 동기가 있다. 하나는 여러분도 쉽게 기억할 수 있는 1999년 9월 30일에 일어난 토카이무라(東海村)의 JCO 우라늄 가공공장에서 일어난 임계사고에서 받은 충격이다. 이 사고는 물론 모든 일본사람들에게 커다란 충격을 주었고, 동시에 원자력산업 및 일본정부의 원자력정책의 근간까지 뒤흔들어놓은 큰 사고였다. 그것은 또한 오랫동안 원자력을 비판하면서 끈질기게 원자력의 위험성을 부르짖어온 나에게도 엄청나게 큰 충격을 주었던 것이다. 나는 지금까지 수많은 원자력 사고를 경험했지만, 이 사고는 무언가 지금까지의 사고와 본질적으로 달랐기 때문에 내 마음은 뿌리에서부터 흔들리고 말았다. 사고가 일어나고 두달 후에 오오우치 히사시(大內久) 씨가 사망했다는 애통한 소식을 듣고는 나는 더욱 동요했다. 이 문제는 책 속에서 이러저러하게 밝혀지겠지만, 어쨌든 이 사고는 우리가 이제까지 원자력에 대해서 가지고 있던 자세 그 자체를 곰곰이 생각하게 하는 계기가 되었다. 원자력산업이나 정부는 물론, 원자력 반대파인 나 자신까지도 지금까지 원자력문제에 대해서 근본적으로 과소평가했다는 생각을 하게 한 사고였다.

'일탈행위'를 일으킨 것은 누구인가

오오우치 씨가 12월 21일 타계하고, 며칠 지나서 일본정부의 원자력안전위원회는 '사고조사위원회(정식명칭은 '원자력안전위원회 우라늄 가공공장 임계사고 조사위원회'이다) 보고'라는 것을 발표했다. 사고조사위원회의 최종보고서가 나온 것은 12월 24일, 한해가 끝나는 마지막 순간에 가서 '원자력재해대책 특별조치법'이라는 법안의 국회심의 일정에 맞춰서 허둥지둥 발표한 것이다.

이 보고서에는 문제점이 엄청나게 많이 있다. 이에 대해서는 이

책 여기저기에서 문제삼겠지만, 어쨌든 이 보고서를 읽었을 때 나는 그저 놀라지 않을 수 없었다. 이런 보고서를 가지고 사고가 매듭지어지고 총괄되어서는 안된다는 생각이었다. 나뿐만 아니라 이 사고로 충격을 받은 모든 일본국민들은, 이제 모두가 원자력에 대해서 근본부터 생각을 바꾸지 않으면 안된다고 느꼈다. 그러나 이 보고서에서는 그런 것을 조금도 느낄 수가 없었다.

보고서 끝에 첨부된 '사고조사위원회 위원장 소감'에서 위원장 요시카와 히로유키(吉川弘之) 씨는 이 사고의 "직접적인 원인은 모두 작업자의 행위에 있으며, 책임을 져야 할 점은 작업자의 일탈행위다"라고 했다. 물론 그렇게 말한 다음, 같은 사고가 재발할 가능성을 부정할 수 없다면서 재발을 방지하려면 많은 대책과 개혁이 필요하다고 언급하고, 103개 항목이나 되는 대책·제언을 내놓았다.

내가 보고서를 읽고 충격과 허탈감을 느낀 까닭은, 사고의 가장 큰 책임을 사망한 사람, 다시 말해 가장 많은 피해를 입은 작업원의 '일탈행위'로 돌렸다는 것이었다. 작업원이었던 오오우치 씨보다 더 높은 데서 일어난 일탈행위, 구조적으로 더 넓은 범위 — 원자력산업 전체 또는 정부 전체에 걸쳐 광범위하게 일어난 일탈행위 때문에 희생자가 생겼다고 나는 생각한다. 그렇지만 이 보고서는 명백하게 그렇지 않다고 단정하고 있다. 이어지는 103개 항목의 제언은 확실히 말도 많고 항목도 많지만 너무나도 무사안일하고, 어떤 의미에서 대단히 관료주의적인 글이기 때문에 무엇이 진짜 문제점인지 모르게 되어있다.

교훈을 배우지 못한 사고조사위원회

특히 인상적이었던 것은 보고서의 서술방식인데, 글 속의 말과 함께 어디선가 들어본 서술방식이라는 느낌을 받았다. 돌이켜보면 JCO사고가 일어나기 4년 전인 1995년에는 고속증식원형로 '몬쥬'에서 나트륨 누출로 화재가 일어났으며, 그로부터 2년 뒤에는 토카이무라(東海村) 재처리공장 아스팔트 고화시설에서 화재폭발 사고가 있었고, 다시 2년이 지나서 JCO 임계사고가 일어난 것이다. 사고 때마다 사고조사위원회가 꾸려져 보고서가 나왔는데, 정부는 그때마다 다시는 사고가 일어나지 않게 하겠다는 똑같은 말로 국민들에게 약속을 했다. 그런데도 사고는 되풀이되었고, 더구나 사고가 일어날 때마다 보고서의 내용은 확대되고 있다.

기묘한 일이 또 있다. '몬쥬' 사고 때는 최종보고서가 나오는 데 2년 가까운 시간이 걸렸는데, 토카이무라 사고 때는 1년이 채 못되어서 조사보고서가 나왔으며, 이번 JCO사고는 사고가 난 뒤 3개월도 채 되지 않아 사고조사위원회의 보고서가 나왔다. 위원회의 조사는 점점더 매끄러워지고, 조사방법이나 결론 도출방법도 점점더 스마트하게 되었지만 언제나 그저 그럴 뿐 별다른 게 없는 것이다.

정부에게는 어느 정도의 '학습효과'가 있었을 텐데도 이 모양이니, 이래가지고서야 어떻게 사고의 재발이 없을 것이라고 장담할 수 있겠는가. 진실로 사고의 재발을 막을 수 있는 '교훈'을 정부가 배우지 못했다고 생각하니 그대로 놔둘 수가 없었다. 그래서 나는 원자력을 정부와는 다른 각도에서 문제삼을 필요가 있다고 생각하게 되었다.

이것과 관련해 이번 사고에서 새삼스럽게 깨닫게 된 것이 있었다. 그것은 나 자신이 원자력문제에 대해서 지금까지 꽤 많이 말을 하고 글을 쓰고 했지만, 아직도 많은 사람들이 원자력문제에 대해 충분한 정보를 갖지 못했고, 그러다가 사고가 일어나면 당황하게 되는 상황이 매번 반복된다는 것이다. 이번 JCO사고로 새삼스럽게 또는 처음으로 원자력산업의 총체적 상황에 대해서 조금 알게 되었다는 사람이 있다. 그렇지만 아직도 많은 사람들이 어떤 막연한 불안감만 가지고 있는 것이 사실이다. 그런 사람일수록 원자력에 대해서 제대로 알아야 할 텐데 그런 사람에게 정확한 정보가 전해지지 않고 있는 것이다. 그리고 또 나같이 직접 원자력문제에 개입한 사람들의 말이 알기 쉬운 메시지로 전달되지 않았다는 현실에 대해서 새삼 실감하게 되었다.

특히 젊은이들, 앞으로 살아가면서 일본의 원자력정책에 의해 많은 영향을 받으면서 살아갈 젊은이들에게 원자력문제가 전달되지 않았다는 것을 깨달았다. 그러나 관심있는 젊은이들이 쉽게 구해 읽을 수 있는 책이 많지 않은 것 같다. 그렇다면 내가 그런 책을 한번 써봐야겠다는 생각으로 이 책을 쓰게 되었다.

정부가 인정한 '안전신화'의 붕괴

이 책을 쓰게 된 두번째 동기는 금년이 마침 서기 2000년이라는 것이다. 나는 밀레니엄 소동에 별다른 흥미가 없지만 2000년이라는 것은 20세기의 끝이므로, 지난 50년 동안 전개된 원자력개발에 대해서 되돌아볼 수 있는 좋은 기회가 아닌가 하는 생각을 하게 된 것이다.

20세기는 어떤 의미에서 '핵의 세기'라고 해도 좋은 시대였으며 그러한 핵의 세기의 마지막 시간에 임계사고 같은 참변이 일본에서 일어난 것이다. 이러한 상황을 감안해 원자력개발의 초기부터 나 자신이 이러저러하게 관련을 맺었던 원자력문제에 대해 다시 한번 되짚어보는 좋은 기회가 아닌가 하고 생각했다. 거기에다가 앞에서 말한 사고조사위원회의 최종보고서가 그런 내 결심을 더 굳혔다.

정부의 보고서는 신기하게도 다음과 같은 표현을 했다. "이른바 원자력의 '안전신화'와 관념적인 '절대안전'이라는 말은 폐기하지 않으면 안된다." 다시 말해서 정부의 사고조사위원회도 '안전신화'를 이제 폐기하지 않으면 안된다고 한 것이다. 애당초 안전신화 같은 것은 없었다고 말하는 사람도 있겠지만, 아무튼 절대로 사고는 일어나지 않는다고 한 사람은 실제로 굉장히 많았다. 그러한 '절대안전'이라는 거짓 보증을 가지고 정부나 원자력산업은 원자력개발을 추진한 셈이므로, 어찌되었건 안전이라는 신화는 일찍부터 존재했던 것이다. 그러했기 때문에 토카이무라(東海村)에서는 시내 한가운데 공장을 세워도 사람들은 공장과 공존해서 살아가는 것을 대체로 선택했었고, 사고가 일어나자 모두들 깜짝 놀랐던 것이다. 그런 의미에서 '안전신화의 붕괴'를 정부보고서에서 언급한 것은 어쩌면 한 시대를 가르는 일이라고 나는 생각한다.

안전신화뿐만 아니라 원자력은 이러저러한 신화를 만들어온 게 사실이다. 그러한 갖가지 신화는 이제 세계적 차원에서 허물어지고 있으며 그러한 상황 속에서 안전신화도 허물어진 것이 아닌가 생각한다. 그래서 2000년이라는 해는 그러한 문제들을 종합적으로 생각해보는 좋은 기회라고 본다.

'목표년도'로서의 2000년

생각해보면 2000년은 나에게 특별한 해라고 하겠다. 내가 원자력문제에 관계하게 된 것은 1960년대인데 그때 일본의 원자력시대가 시작되었으니 대체로 40년이 지났으며, 그러므로 처음부터 '2000년'은 어떤 의미에서 '목표년도'였다고 할 수 있다. 다시 말해서 원자력의 장래를 생각할 때 "2000년쯤에는", "금세기 말에는" 또는 "21세기 초에는", 좀더 명확하게 "2000년에는" 같은 식으로 이러저러한 숫자를 제시해왔던 것이다. 이를테면 "2000년에는 원자력이 사회의 주요한 에너지원이 되어있을 것이다" 따위의 말로써 말이다. 전력뿐만 아니라 주요한 생산시스템의 에너지로 원자력이 자리잡고 있지 않겠는가 하는 말이 많았다. 그렇게 사람들은 원자력에 대해서 장밋빛 기대를 걸고 있었던 것이다.

국제원자력기구(IAEA)[1]의 '원전설비 용량예측'이라는 것이 1976년경부터 작성되었는데 거기서도 대체로 2000년에는 원자력발전

---

1) 국제원자력기구(IAEA : International Atomic Energy Agency)는 1957년에 설립된 유엔 관련기관이며, 원자력의 군사전용을 방지하기 위해서 핵분열물질의 감시활동을 하고 또 한편에서 원자력의 평화이용을 추진하기 위해서 도상국에 대한 기술협력을 하고 있다.

이 약 23억킬로와트까지 증가하리라고 예측했다.(제3장 그림3-1 참조) 1976년부터 IAEA는 몇차례나 똑같은 예측을 해왔지만, 현실적인 예측치는 계속 감소했다. 처음에는 문자 그대로 장밋빛 희망을 품고 큰 풍선에 엄청난 바람을 불어넣었는데 해를 거듭하면서 차츰차츰 그 바람이 빠져나간 것이다. 실제로 2000년을 맞이한 이때에 따져보면 세계의 원자력발전소 설비용량은 당초 계획의 1/6밖에 되지 않을 뿐 아니라, 지금 원자력산업은 사양길로 들어서서 더욱더 위축되는 경향을 보이고 있다고 할 수 있다.

애기가 여기까지 왔으니 말인데, 애당초 IAEA의 예측을 받아들인 일본정부의 원자력위원회가 1978년에 내놓은 장기계획에서 일본은 2000년의 원전 설비용량 목표를 1억5,000만킬로와트로 잡았었다. 그러나 실제로는 목표의 30퍼센트인 4,500만킬로와트에 불과했다. 일찍이 그러한 예측을 하게 된 것은 원자력을 장밋빛으로 미화하는 신화나 슬로건이 있었기 때문이라고 생각한다. "원자력은 절대로 안전하다"라든가, "무한에너지를 낳는다", "싸다" 게다가 "지역발전에 도움이 된다", 거기에 "원자력은 깨끗한 에너지"라는 말까지 만들어냈다. 그리하여 이렇게 의도적으로 신화화한 원자력을 받아들이는 사회가 된 것이다.

이러저러한 사실들에 의해 사람들이 문제를 깨닫게 됨으로써 이제야 겨우 원자력신화에서 벗어나게 되었다고 볼 수 있다. 지금 신화 형성과정을 하나하나 되돌아보면서, 그러한 신화가 진실인가 거짓인가를 점검하고, 그러한 신화에서 완전히 해방될 날을 전망할 수 있는 좋은 기회가 왔다고 생각한다. 이것이 바로 '목표년도'였던 2000년을 맞이하면서 내가 생각한 것이다.

탈원전을 결정한 독일정부

이 책에서는 원자력의 기술적이고 제도적인 자잘한 문제에 대해서는 언급하지 않겠다. 그런 문제에 대해서 나는 오랫동안 글을 썼으며 다른 사람들도 많이 썼기 때문에 꽤 많은 책이 나와있다. 그런데 그런 책에서 세밀하고 치밀한 논리를 펴면 펼수록, 오히려 일부의 사람들만 관심을 갖게 하는 상황을 만들어놓은 것 같다. 지금과 같은 상황에서 우리가 진실로 생각해야 하는 것은, 처음 원자력에 기대를 걸던 시대로부터 지금에 이르는 동안 인류는 문명의 전환을 겪게 되었다는 점이다. 그러한 전환을 완수하려면 많은 사람들이 원자력문제의 본질을 제대로 이해하고 미래를 생각할 필요가 있다. 지금처럼 일본정부가 정책상의 어떤 전환도 없이 이대로 밀고 나갈 경우, 그로 말미암아 크고 작은 피해를 입게 될 젊은이들에게 내 나름대로 메시지를 전하자 — 이 책을 쓰는 의미는 그러한 데 있다고 생각하고, 지나치게 세밀한 문제에 개의치 않고 개괄적으로, 될 수 있는 한 누구나 알 수 있게 원자력의 문제를 전달하고 싶다.

책머리에서 감히 말해두지만, 이 책은 원자력문명에서 전환할 것을 분명하게 주장하는 입장에서 쓰여졌다. 이것은 물론 내가 오랫동안 생각해온 것이다. 그러나 이번 임계사고를 겪고 나서 생각할 때, 이것은 단순한 나의 가치관, 의견, 주장에 머무르는 게 아니다. 반세기에 걸친 문명의 필연적인 흐름 속에서 전세계는 원자력을 포기하는 것이야말로 현명한 선택이라는 것을 깨닫게 되었다고 생각한다. 적어도 조금이라도 빨리 올바른 길을 선택하지 않으면 잘못된 곳, 무서운 곳으로 가게 될지도 모른다는 위기감을 사람들은 느끼고 있다고 본다.

원자력을 포기하는 하나의 구체적인 움직임으로서 2000년 6월 15일 새로운 소식이 날아들었다. 독일의 슈뢰더 수상은 원전의 평균수명을 운전 개시부터 약 32년으로 하고, 독일 국내 20기(가동 19기, 정지 1기)의 원전을 순차적으로 폐기하겠다는 데 대해서 4대 전력회사와 합의했다고 발표한 것이다. 이처럼 독일이 구체적인 계획을 발표함으로써 세계에 미치는 영향은 대단히 크리라고 생각한다.

물론 지금까지 구축된 원자력산업이나 거기 의존한 사회시스템을 전환하는 것은 간단한 일이 아니지만 사회적인 견지에서 생각할 때 그것은 문명의 뚜렷한 흐름이 될 것이다. 그렇기 때문에 시기적으로도 총괄의 의미가 크다고 하겠는데, 더욱이 오늘의 일본이라는 상황에서 이러한 전환은 더욱 큰 의미가 있는 게 아닌가 생각한다.

그러나 정부는 이러한 상황에서도 원자력에 대한 입장을 바꾸거나 방향전환을 하려고 하지 않는다. 재검토를 하지 않을 수 없게 되었는데도, 기본적으로 지금까지와 마찬가지로 원자력 이용을 추진하고 있다. 실제 상황이 그렇게 할 수 없게 되었는데도 정부방침은 변하지 않았다.

또 상당히 많은 사람들은, 바람직한 일은 아니지만 탈(脫)원자력은 안되는 게 아닌가 하는 생각을 하고 있다. 나는 이러한 분위기가 신화의 세계 속에 사람들이 갇혀있음을 증명하는 것이라고 생각한다. 그것은 사고조사위원회의 최종보고서에서 "안전신화는 붕괴되었다"고 말하면서도, 같은 보고서 안에서 일본의 원자력을 재구축할 수 있는 것처럼 언급하는 말투에서도 알 수 있다. 원자력 이용 자체에 대한 전환은 전혀 고려하지 않은 채, 그런 보고서로 원자력신화를 다시 구축하려고 하는 것이 아닌가 하고 나는 생각한다.

그래서 나는 오랫동안 우리를 가두어온 원자력신화의 실체를 파헤쳐보기 위해 '원자력신화로부터의 해방'이라는 말을 감히 이 책의 제목으로 삼았다. 다른 말로 표현하자면 원자력 이용에 대해서 장밋빛 기대를 하면서 50여년간 계속 꿈을 꾸며 살아온 우리는 지금이야말로 그러한 꿈에서 깨어나야 할 필요가 있다는 것이다.

토카이무라(東海村) 임계사고에서 번쩍하고 터졌던 그 빛은 우리에게 "눈을 뜨라"고 말한 게 아닌가. 나는 그렇게 느꼈고, 거기서 그러한 메시지를 읽었기 때문에 이 책을 쓰기로 했다.

제1장
원자력발전의 근본문제

원자핵과 핵에너지

지금부터 원자력신화의 형성과 붕괴의 과정을 하나하나 살펴보겠다. 다만 그 전에 그러한 신화에 관련된 원자력의 기초적인 과학적 배경과 기술적 배경에 대해 대강 설명하는 것이 좋을 것 같다. 원자력발전의 본질을 이해하기 위해서 이 장에서는 "핵과 에너지란 무엇인가"를 개괄적으로 설명하겠다.

옛날 희랍시대부터 물질을 구성하고 있는 것은 아주 작은 단위의 입자라는 생각이 있었는데, 그 입자를 "그보다 더 쪼갤 수 없는 것"이라는 의미의 희랍어 '아톰', 즉 '원자'라고 불렀다. 우리가 눈으로 보는 물질은 이러한 원자의 결합으로 이루어졌다고 생각했던 것이다.

근대과학이 발달함에 따라서 마침내 원자의 정체를 알게 되었다. 우리가 일상적으로 대하는 것은 사실은 원자가 아니라 분자이다. 원자가 서로 결합해 이루는 분자라는 물질을 기본적인 구성단위로 하는 집합을 통상 우리는 눈으로 보고 있는 것이다.

원자는 중심에 있는 원자핵과 원자를 둘러싸고 있는(반드시 옳은 표현이라고 할 수 있을지 모르겠는데, 보통 "그 주위를 돌고 있다"고 표현한다) 전자에 의해서 구성된다. 분자를 구성하는 실제의 화학결합은 원자와 원자 사이에 있는 전자의 작용에 의해서 이루어진다는 사실이 근대과학의 발전에 의해서 밝혀졌다.

분자의 이러저러한 결합 또는 분해 등에 의해서 우리 눈에 보이는 물질의 일상적인 변화가 일어난다. 이러한 변화는 예를 들면 물건이 타거나 금속이 서로 붙거나 또 손괴되거나 하는 모든 변화를 말하는데, 이러한 현상들은 화학반응에 의해서 이루어진다. 이러한 변화는 원자 주위에 있는 전자가 갖가지로 작용하는 데 따라서 일어난다는 것이 근대과학의 발전으로 밝혀졌다. 우리의 일상세계는 화학적 변화의 세계인데, 그것은 생물의 진화에서도 마찬가지라는 것이 특히 최근에 와서 생물학, 물리학, 화학에서 명확하게 되었다.

원자핵도 불변(不變)이 아니다

원자 주위의 전자는 겨우 1나노미터(10^{-9}미터)에서 0.1나노미터쯤 되는 곳에 있다. 전자의 더욱 안쪽에 있는 원자의 핵심부분, 즉 원자핵의 크기는 원자와 전자 사이의 거리의 1/100,000쯤 된다는 것도 최근 하나씩 알게 되었다. 원자핵은 매우 작은데다 엄청나게 딱딱한 심과 같은, 그야말로 '아톰'인데 그것은 결코 분해할 수 없는 것이라고 생각했었다. 그런데 20세기에 들어오면서 어떤 방법을 통해 원자핵의 알갱이를 불안정하게 하거나 쪼갤 수 있게 되었다. 게다가 큰 원자핵의(이것을 호두 같은 것이라고 생각한다면) 껍데기에 해당하는 부분은 그리 단단한 것이 아니고 스스로 일부의 에너지를 방출해서 더욱 안정된 방향으로 나아간다는 것, 또 원자핵 그 자체도 절대불변의 것이라고 할 수 없으며 변화한다는 것이 차츰 밝혀지게 되었다.

아주 강한 힘으로 결합된 이러한 핵자(核子)를 결합시키는 힘을 핵력(核力)이라고 하는데, 이러한 핵력에 대한 것도 해명되어왔다. 쇠망치로 단단한 호두 껍데기를 깨는 것처럼 핵자의 결합을 깰 때 핵자를 서로 결합시키는 힘, 즉 핵력은 에너지로 방출된다는 것도 차츰 알려지게 되었다. 이것이 실제로 엄청나게 큰 에너지로 활용될 수 있다는 것을 알게 된 것은 핵분열이라는 현상이 발견되었을 때였다.

핵분열과 그것의 연쇄

핵이 생각했던 것처럼 절대적으로 안정적이지 않으며, 인공적으로 입자를 핵에다가 때려넣으면 불안정화를 일으켜서 핵자(원자핵을 구성하는 양성자와 중성자)의 결합이 깨져버린다는 것은 20세기 초에 밝혀졌다. 그렇지만 그러한 핵반응과 같은 상태에서 방대한 에너지를 꺼낼 수 있을지도 모른다는 사실은 반드시 명확하지는 않았던 시기가 잠시 있었다.

그때까지의 물리학에서는 쉽게 예상되지 않았던 일인데 1938년이 되어서 핵분열이라는 현상이 발견되자 갑자기 방대한 에너지의 이용 가능성이 눈에 보이게 된 것이다. 독일의 오토 한과 슈트라스만 그리고 마이트너라는 여성 물리학자가 함께 발견한 현상이다. 이상과 같이 우라늄이라는 대단히 큰 원자핵에다가 중성자를 부딪쳐서 원자핵을 흔들어주면 원자핵이 불안정하게 되고 마침내 두개의 파편으로 나누어진다는 핵분열 현상이 발견된 것은 1938년 말의 일이다. 핵분열 현상이 일어나면 큰 에너지가 방출될 뿐만 아니라 우라늄의 원자핵이 두개로 깨질 때 거기서 다시 두개 또는 세개의 중성자가 나온다는 것도 알려지게 되었다.(그림1-1 참조)

그렇게 되면 밖에서 중성자를 때려넣어서 일단 핵분열 반응을 일으켜주면 그것의 반응으로 생긴 중성자가 다시 다음 우라늄에 핵분열을 일으키게 하여 핵분열 반응이 연쇄적으로 일어나지 않겠는가 하는 것을 과학자들은 금방 알게 되었다. 핵분열 반응이 지속적으로 일어나는 상태를 '임계(臨界)'상태라고 한다. 이것이 바로 토카이무라(東海村)에서 일어난 임계사고와 같은 현상인데, 핵분열 반응에 한번 불을 붙여서 방아쇠를 당겨주면 곧이어 연쇄적으로 엄청난 반응이 일어날 수 있는 가능성이 있다는 것이 물리학자들의 머릿속에 섬광처럼 떠올랐던 것이다.

핵분열현상 발견에서 핵무기개발로

1938년 말에 오토 한 등이 핵분열 현상을 발견했고 다음해인 1939년 초에는 벌써 전세계의 많은 사람이 그러한 사실을 알고 있

그림1-1 우라늄의 핵분열과 연쇄

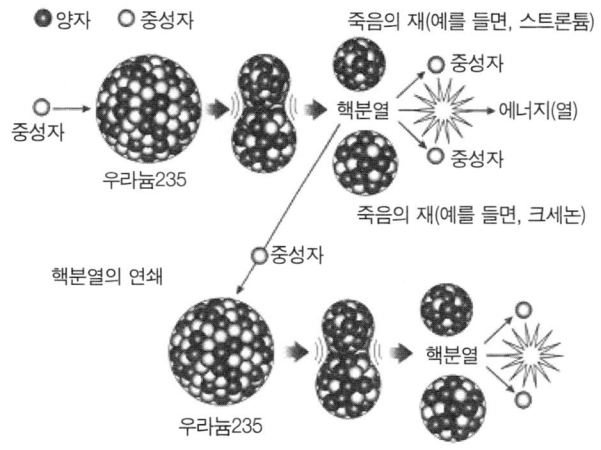

핵분열 때 대량으로 생성되는 방사성물질을 '죽음의 재'라고 한다. 또 핵분열 반응이 지속적으로 일어나는 상태를 '임계'라고 한다

었으며, 물리학자들은 이러한 연쇄반응을 이용하면 엄청난 에너지를 방출시킬 수 있지 않을까 하는 생각을 하게 되었다.

그중에는 말년에 미국으로 망명한 레오 시라드라는 유명한 물리학자가 있었다. 그는 1939년에 이미 ― 오토 한 등이 핵분열 현상을 발견하고 불과 두세달 후 ― 어떤 방법의 실험을 통해 핵분열에서 엄청난 에너지를 얻을 수 있다는 것을 확인하고, "세계가 재앙으로 치닫고 있다는 것을 생각하지 않을 수 없었다"라는 글을 남겼다. 그러니까 그때 그의 머리에는 이미 이러한 엄청난 에너지가 원자폭탄으로 사용될 것이며 인류에게 재앙이 닥칠지도 모른다는 생각이 직감적으로 스쳐갔다. 이것은 매우 흥미로운 사실이다. 아무튼 원자핵을 분열시키는 일이 가능하게 되면 거기서 방대한 에너지가 방출되리라는 생각을 전세계의 과학자들이 하게 되었으며, 그 후 핵무기개발과 원자력개발로 이어지게 되었다.

1930년대 말 폴란드의 국경선을 독일군이 침공함으로써 제2차 세계대전이 시작되었다. 이러한 시기였으므로 사람들은 금방 핵분열 현상과 원자탄을 연결해서 생각하게 된 것이다. 그리고 그것을 핵무기로 사용할 수 있는 가능성을 구체적으로 생각하게 되었다. 더구나 그러한 생각을 한 것은 물리학자였는데 아까 말한 시라드가 아인슈타인을 설득해서 이러한 시대적 흐름에 가담하게 하였다. 그리하여 나치 독일이 원자탄을 손에 넣기 전에 선수를 치지 않으면 안된다는 문제의식을 가지고 그들은 미국정부에 원자탄 개발을 촉구하는 형식으로 원자탄 제조계획에 착수했다. 그리고 얼마 있다가 맨해튼프로젝트[2]가 수립되고 마침내 미국의 핵무기개발은 거대한 계획 속에서 움직이기 시작하였다.

1밀리그램의 우라늄이 연소했을 뿐인데

이처럼 거대한 에너지를 핵에서 끌어낸다는 게 무엇을 의미하는지 생각해보기로 하자. 핵기술이라는 것은 이제까지 우리가 생각하던 기술과 결정적인 차이가 있다.

---

2) 1942년 9월부터 본격적으로 미국에서 시작된 원자탄 제조계획. 이 계획을 전환점으로 과학은 국가가 영위하게 되고 거대화되었다. 최초에 본부가 뉴욕시에 설치되고 그 곳이 '맨해튼 공병관구'라고 명명되었기 때문에 이런 이름이 생겼다.

오늘까지 핵 이외의 모든 기술이나 테크놀로지는 기본적으로 원자와 원자, 분자의 결합의 변화, 다시 말하면 원자 주위의 전자의 변화에 의해서 일어나고 있는 것이다. 그러한 결합이 이러저러하게 변화하는 데 따라서 일어나는 에너지의 방출이라든가 흡수 등에 의해서 일상세계에 변화가 일어나는 것이다. 무엇이 연소하는 데 따라서 에너지가 방출되는 현상, 또는 이러저러한 전기현상까지도 모두 전자가 반응해서 일어나며, 원자핵 그 자체는 조금도 움직이지 않는다.

전자가 이러저러하게 변화하는 반응은 에너지 단위로 말하면 전자볼트라는 단위를 써서 나타낸다. 1전자볼트는 SI단위계[3]에서는 10^{-19}줄이다. 그리고 이 전자볼트의 에너지가 우리가 보는 여러가지 현상이나 반응들에 관여하고 있다. 예를 들면 유황이 산소와 결합해서 연소될 때 하나하나의 반응당 얼마간의 전자볼트 에너지가 관여하고 있는데 이것이 우리의 일상세계이다.

예를 들면 연소하는 유황의 양이 1그램에서 수백그램이라는 양으로 증가되면 거기에 관여하는 전자의 반응수는 $10^{22} \sim 10^{25}$개가 되고, 그렇게 되는 데 따라서 관계하는 열량도 $10^{22} \sim 10^{25}$전자볼트라는 단위가 된다. 이것을 환산하면 대체로 킬로칼로리라든가 그 전후의 열량이 되는데 이것은 보통 우리가 몸을 움직일 때 사용되는 에너지 단위가 된다.

그런데 원자핵의 경우는 대단히 단단한 핵자끼리 결합할 때 관

---

[3] 국제단위계(Le Systéme Internationale d'Unités)의 약칭. 미터계의 절대단위라는 것인데 기본단위, 보조단위, 조립단위로 이루어진다.

여하고 있는 에너지가 엄청나게 크기 때문에 그것을 불안정화시켜서 에너지를 방출시킬 때 나오는 에너지 양은 엄청나게 크다. 예를 들어 어떤 방사성물질이 알파선이나 베타선, 감마선 등의 방사선을 방출하면서 붕괴될 때 한개의 핵자당 관여하는 에너지로 생각하면 핵자의 결합에너지는 한개의 결합당 대체로 수백만전자볼트이지만 핵분열할 때 방출되는 에너지는 한개의 핵분열 반응당 그보다 100배 정도의 에너지를 낳게 되는 것이다.

그렇기 때문에 그러한 반응이 여러개 모이면 엄청나게 큰 에너지가 된다. 이것을 우리는 JCO사고에서 세부적으로 모두 경험했다. JCO 임계사고 때문에 오오우치 씨가 사망하고, 사고 후 7개월이 지나서 중상자 시노하라 마사토(篠原理人) 씨마저 사망했으며, 게다가 수많은 현장 작업자와 주민들이 피폭당했다. 사고 중심부에서 반경 350미터 내의 주민이 모두 피난했고 또 10킬로미터 내의 31만명이 강제로 '자택 대기'를 하는 등 넓은 범위로 공포감이 감돌았다. 그런데 이러한 엄청난 사고의 원인이 된 것이 1밀리그램의 우라늄이 연소한 핵분열 반응에 불과했던 것이다.

고작 1밀리그램의 우라늄235[4]라는 것이 원자핵 내부에 있는 에너지를 방출한 데 지나지 않았는데 그렇게 엄청난 결과를 가져오고 말았던 것이다. 예를 들자면 유황 1밀리그램이 연소한 것과는 비교가 안되는, 그야말로 100만배나 되는 거대한 에너지라는 것을 알게 될 것이다.

---

4) 천연 우라늄에 0.7퍼센트 포함된 연소성 우라늄(핵분열성 우라늄). 99.3퍼센트의 비연소성 우라늄(우라늄238)에 중성자가 부딪치면 플루토늄239가 생성된다.

얘기가 나온 김에 덧붙이자면, 그것의 100만배에 해당하는 1킬로그램의 우라늄이 연소한 것이 바로 히로시마의 원자탄이었는데, 그 결과로 수십만명이라는 사망자를 낳았던 것이다. 그런데 지금의 핵무기를 보면 히로시마 원자탄의 100배, 1,000배, 아니 그보다 더 규모가 큰 핵탄두가 있고, 더구나 미국이나 러시아는 그런 것을 엄청나게 많이 소유하고 있다. 그야말로 차원이 다른 핵의 위력이라고 할까, 아니 파괴력에다가 포학성이라고 할까, 이것이 바로 핵의 본질인 것이다.

원자력개발의 불행한 출발

이러한 핵의 위력을 직감적으로 감지했기 때문에 핵의 힘을 이용하면 엄청난 살상을 할 수 있다고 물리학자들은 생각했던 것이다. 미국의 물리학자들이 개발에 나서게 된 직접적 동기는 "나치가 이것을 먼저 손에 넣으면 세계는 멸망한다"고 생각한 데 있었지만, 이것이 과연 냉정한 판단이었는지는 엄밀한 검토가 있어야 한다고 본다. 나는 물리학자들이 시라드 등의 설득으로 원폭개발에 나선 것은 나치즘 운운으로 정당화될 수는 없다는 생각을 가지고 있다. 이러한 논쟁은 그만두더라도 여하튼 그 배경에는 나치즘의 위협이 있었고, 그러한 엄청난 힘을 발휘하는 에너지가 있다는 생각을 하게 된 사람들은 그만 허겁지겁 그것을 무기로 만들려고 했다는 것은 엄연한 사실이다.

원자력개발에 있어서 그것은 불행한 출발이었다고 생각한다. 사람들은 안전성이라든가 인간생명에 대한 영향이라든가, 또 거기서 생기는 갖가지 방사성물질이 지구환경이나 인간에게 어떠한 영향을 주는가 하는 것을 생각하기보다는 우선 거대한 힘을 손에 넣고 보자는 데 혈안이 되었으며 우선 파괴력으로서 이러한 에너지를 가져야 한다는 것이 개발의 동기로 작용했던 것이다. 게다가 계획 자체가 핵무기개발이라는 아주 특수한 비밀의 장막에 가려진 채 진행될 수밖에 없었다. 최초에 공개적 논의나 정보공개 없이 극비리에 사업이 추진됐다는 사실도 불행한 일이었다. 이러한 사실 때문에 원자력이 그 후의 발전과정에서 사후 수정할 수 없는 이러저러한 굴절을 남기게 되었다고 할 수 있다.

판도라의 상자를 열어버린 인류

핵에너지는 그 크기가 엄청나다는 점에서 확실히 획기적인 것이었다. JCO 임계사고를 보더라도 1밀리그램의 우라늄이 그렇게 엄청난 피해를 갖다준 것이니까 더 많은 우라늄을 사용해서 에너지를 방출시키면 엄청난 힘이 생긴다는 것은 명백한 것이다. 그것이 핵무기가 아니라 사람들에게 좀더 이익이 되는 형태로 사용될 수 있다면 엄청나게 큰 에너지원이 될 수 있다고 누구든 쉽게 생각할 수 있다. 이것이 원자력의 매력이라고 할까, 하나의 특징이다. 그러나 동시에 한가지 커다란 어려움도 있다는 것을 잊어서는 안된다.

앞에서도 언급했지만 핵에너지는 일상적인 세계의 에너지와는 완전히 이질적이라는 사실이다. 다시 말해서 이제까지의 다른 에너지, 또 지금까지의 기술이나 테크놀로지 체계에는 없는 에너지 사용법이 도입되었다는 것을 말한다. 좀더 쉽게 말하면 일상의 조건에서 원자는 안정되어 있다. 원자를 구성하는 원자핵은 항상 안정되어 있고, 원자핵의 주위를 돌고 있는 전자가 이러저러하게 결합되어서 변화가 일어난다. 이러한 변화에 따라서 일상생활에서 필요한 에너지가 공업적으로 또는 인체 내부에서 생성되기도 하고 소멸되기도 한다. 우리의 생명세계란 말하자면 그러한 세계인 것이다.

그런데 핵의 세계는 우리의 세계에서 본래부터 전제되어온 원자핵의 안정성에 감히 도전하게 됨으로써 원자핵의 안정성을 깨뜨리고 불안정하게 하여 방대한 에너지를 생산할 수 있으므로, 우리의 일상생활이 위협받는 현상이 일어난다. 그런데 이러한 사실은 원자력의 역사에서 대체로 아주 경시되어왔다. 생각해보면 이러한 생각은 엄청나게 잘못된 것이다. 우리가 생활하고 있는 일상세계의 원리, 다시 말해서 원자핵이 안정되어 있음으로 해서 이루어지는 일상생활의 안전성에 감히 도전하는 것이기 때문이다.

이러한 행위를 말할 때 역사적으로 이러저러한 표현을 쓴다. 이를테면 "판도라의 상자를 열었다"라는 말도 그중의 하나라고 생각한다. 딱딱한 호두 껍데기를 깨고 속을 드러냈다, 혹은 금단의 열매를 먹어버렸다는 의미에서 하는 말이다. 금단의 열매란 딱딱한 원자핵을 호두 알맹이에 비유한 말인데, 그것을 감히 깨고 먹으려고 한 데서 원자력의 본질적인 문제는 비롯되었다.

방사능과 '죽음의 재'

원자력의 본질적인 문제는 어떠한 형태로 나타나는가. 단적으로 그것은 방사선이나 방사능이라는 현상으로 나타난다. 방사능이란 단순히 방사선을 방출하는 능력이란 의미뿐만 아니라, 일반적으로는 그러한 능력을 가진 물질이라는 뜻으로 사용한다. 원자핵을 불안정하게 만들면 그 결과 대량의 방사성물질이 배출된다.

이것은 임계사고 때 문제로 제기되었는데, 겨우 1밀리그램의 우라늄이 연소할 때 엄청난 양의 중성자가 배출된 것이다. 이것은 애당초 우라늄 원자핵 속에 있던 입자인데 핵분열 떠 나온 것이다. 이렇게 원자핵을 구성하는 입자 속의 중성자가 튀어나온 것이니까 일종의 방사선이라고 생각해도 된다.

JCO 임계사고 당시, 침전조(沈澱槽)라는 통 속에 제한을 무시하고, 그것도 고농도의 우라늄을 대량으로 넣음으로써 임계사고가 일어나는 바람에 결과적으로 거기서 핵분열반응이 일어나면서 갖가지 방사성물질이 남아있게 되었다. 환경에 영향을 미치지는 않았지만, 남아있던 강한 방사선이 주위를 오염시켰기 때문에 안으로 들어가지 못해 작업을 할 수 없게 되는 등의 문제가 생겼던 것이다.

핵분열 현상이 일어나면 핵분열반응에 따르는 생성물이 생기게 마련인데 이것을 '핵분열 생성물'이라고 한다. 또 굴체에 중성자가 부딪쳐서 생기는 방사성물질을 '방사화 생성물'이라고 하는데 이러한 방사성물질이 이러저러하게 생성된다. 애당초에 원자핵을 불안정하게 함으로써 에너지를 얻는 것이므로 당연한 결과라고 할 수 있으며, 매우 불안정한 (지금까지 자연계에 전혀 없었던 것은 아니지만 그다지 많지 않았던) 방사성물질이 대량으로 쏟아져 나오게 된다. 우리는 핵분열 때 생기는 생성물을 '죽음의 재'라고 부르는데, 죽음을 불러올 만큼 생명체에 나쁜 영향을 미치는 물질이 대량으로 생성된다는 뜻이다. 이것이 바로 핵반응의 본질이며, 치명적인 결함이라고 할 수 있다.

이러한 문제는 이제까지 자연계에 없었던 물질의 운동을 인위적으로 투입한 것과 직접적으로 관련된다. 아까도 말한 바와 같이 우리의 일상생활은 지금까지 원자핵의 안정성에 의존하고 있었다. 그런데 그것과 전혀 다른 기술을 투입함으로써 방사성물질이라는 불안정한 원자핵이, 다시 말해서 방사능이라고 하는 물질이 일상세계에 불가피하게 대량으로 쏟아져 들어왔다는 데 문제가 있는 것이다.

유전자에 미치는 영향과 '원자로의 아버지'의 경고

방사성물질은 알파선, 베타선, 감마선 등의 방사선을 방출한다. 그 밖에도 이번 JCO사고에서 문제가 되었듯이, 핵분열반응 자체가 중성자라는 방사선을 방출한다. 방사선이 인체에 들어가면 신체에뿐만 아니라 유전적으로도 악영향을 미친다. 이것은 방사선이 일상세계의 에너지와는 다른 엄청난 에너지라는 사실과 관련이 있다. 우리가 일상생활을 영위할 때 기본이 되는 것은 화학물질이다. 예를 들면 인체를 구성하고 있는 단백질 — 세포 속에 있는 세포핵이나 유전자 또는 유전자를 구성하는 물질 등은 모두 단백질이다 — 은 아주 복잡하고 입체적인 결합으로 된 화학물질인데, 어쨌든 그것들도 화학결합에 의해서 이루어진 물질이다.

알파선, 베타선, 감마선 등의 방사선은 이러한 화학물질의 100만배나 되는 에너지를 평균적으로 갖고 있는 입자이다. 이러한 방사선이 순간적으로 인체를 통과하면 엄청난 에너지에 의해서, 더구나 전리(電離)라는 작용을 통해서 화학결합을 이러저러하게 끊거나 결합시키게 된다. 더구나 유전자 배열에 갖가지 영향을 주어 그것이 최종적으로 인체에 다양하고 심각한 악영향으로 나타나게 된다는 데 문제가 있다.

이처럼 엄청난 핵에너지의 강도 때문에 처음에 많은 물리학자들이 흥분했으며, 또 그것이 정치적으로 큰 영향을 주었던 것이다. 뒤집어 말하면 인간을 포함한 지구상의 모든 생물이 발딛고 사는 세계 ― 원자핵의 안정을 토대로 이루어진 세계 ― 에 거대한 파괴력을 갖는 이물질(異物質)을 투입하게 된 것이며, 바로 여기에서 근본적인 문제가 발생한 것이다.

그러나 이러한 근본문제는 그동안 대개 아주 경시되었으며, 대단찮게 여겨졌다. 그것은 아마도 핵무기개발이 머리를 온통 지배하고 있었기 때문일 것이다. 그랬기 때문에 방사성물질을 어떻게 처리할 것인가, 그것을 다루는 사람에게는 어떠한 영향이 있는가, 또 일상생활과 환경에 그런 것이 들어왔을 때 사회가 어떠한 영향을 받게 되는가 등등에 대해서는 충분한 고려가 없었던 것이다.

다만, 그러한 와중에도 초기 단계부터 이 문제에 의문을 가졌던 사람이 있었다. 최초의 원자로를 만든 엔리코 페르미라는 물리학자 ― '원자로의 아버지'라고 불리는 사람이다 ― 가 바로 그런 사람 중의 한명이다. 이탈리아에서 미국으로 망명한 그는 1944년, 즉 아직 원자탄이 완성되지 않았을 때에 이미 이렇게 말했다고 한다. "기본적으로 이것은 핵무기의 재료가 될 것이다. 이것은 치사성(致死性) 방사능을 대량으로 방출하는 기술이며, 그러한 테크놀로지를 앞으로 일반인들은 받아들이지 않을 것이다."

원자탄도 아직 완성되지 않았고, 원자로 개발도 아직 구체적인 문제가 되지 않았던 시기에 페르미가 핵이 갖는 본질적 문제를 이렇게 전망하고 있었다는 것은 대단한 일이다. 대부분의 사람들은 그 무렵 원자력개발이 엄청난 문제를 초래하리라는 것을 예상하지 못하고 있었다.

끌 수 없는 불

핵에너지 이용을 위한 원자력개발은 그 후 원자력발전이라는 형태로 실현되었다. 실제로 이것이 진행되는 과정에 대해서는 이제부터 각 장에서 말하게 되리라고 생각한다. 여기서는 다만 위에서 얘기한 것을 전제로 해서 원자력발전 그 자체의 근본문제에 대해서 생각하기로 한다.

나는 문제를 세가지로 얘기하겠다. 무엇보다 첫번째 문제는 원자력이 생명에 대해서 대단히 파괴적인 방대한 방사성물질을 만든다는 것이다.

원자력발전은 우리가 생명의 안전성과 그것의 원리가 되는 핵의 안정성을 파괴함으로써 이루어지는 기술이기 때문에 핵의 불안정을 가져오고, 그 결과로 방대한 양의 유해 방사성물질을 만들어내게 된다. 그러한 방사성물질 대부분은 수명이 매우 긴데, 그중에는 수백만년 동안 남아있는 것도 있다. 이러한 물질은 결국 방사성폐기물로 남게 되는데 원자력개발의 역사를 살펴보면 초기 단계에는 방사성폐기물을 언젠가 무해화(無害化)할 수 있으리라는 기대가 있었음을 알 수 있다. 지금도 일부 기술지상주의자들은 방사성폐기물을 소멸처리한다든가 핵종분리하는 것이 가능하다고 말한다. 단, 현실적인 비용문제 및 효과와 관련한 기술적인 어려움이 있기 때문에, 요즘에는 제정신을 가지고 이런 주장을 하는 경우는 거의 없게 되었다. 따라서 방사성폐기물은 거의 영원히 남는다는 기본적인 문제점은 결국 해결되지 않은 것이다.

방사성물질의 이러한 성질 때문에 나는 원자력이라는 것은 '끌 수 없는 불'을 만드는 기술이라고 말한다. 현대에 와서 원자력에 관한 기술이 발전했기 때문에 엄청나게 큰 원자력발전소를 만들 수 있고 거기서 많은 전력을 얻을 수 있게 되었지만 거기서 나오는 방사성물질이나 폐기물의 방사능은 꺼버릴 수 없다. 즉 원자력은 '불을 켜는 기술'로 발전했지만 그 원자력이 지닌 불을 완전히 꺼버리고 무해한 것으로 만들 수가 없다는 특성을 가지고 있다. 이것이 바로 원자력의 기본적인 난제인데, 다음 장부터 검토할 문제들의 밑바탕에는 바로 이러한 문제가 깔려있다.

직접 전력이 되지 않는 핵에너지

원자력발전의 두번째 문제는 핵분열반응에 의해서 발생된 방대한 핵에너지를 직접 전력으로 바꾸는 방법이 없다는 것이다. 이 문제는 그리 많이 논의되지 않은 문제인데, 나는 원자력발전소의 한

계를 생각할 때 제기되는 아주 중요한 문제라고 생각한다. 원자력을 전력으로 바꾸려면 엄청나게 까다로운 에너지 전환방법을 쓰기 때문에, 에너지기술로 보아도 우수한 기술이 아니라 오히려 손실이 큰 것이다.

만약 핵반응에 의해서 방출되는 에너지를 직접 전력운동으로 전환해서 그것을 전기적인 힘 또는 전류로 만들 수 있었다면 좋았을지도 모른다. 그렇게 할 수 있다면 남는 에너지를 버리거나 핵의 불안정화 등으로 에너지를 소비하지 않을 수 있었을 것이고, 따라서 에너지 전환효율도 높고 환경에 대한 부하도 적은 기술로서 일말의 희망이 있었을지도 모른다. 그러나 실제로는 그렇게 할 수 없었다. 그러다 보니 애써서 핵반응이라는 획기적인 테크놀로지를 사용하면서도 실제로 발전을 할 때에는 실로 고전적인 발전형태에 의존하고 있는 것이다.

앞에서 핵반응에는 수백만전자볼트의 에너지가 관여한다는 말을 했다. 하나의 핵분열반응이 일어나면 2억전자볼트라는, 보통 핵반응의 100배 정도의 에너지가 방출된다. 이렇게 방출된 에너지는 주로 두개의 파편으로 쪼개져서 핵연료 속에서 움직이는 운동에너지가 된다. 이 에너지는 최종적으로 열에너지로 바뀌어져서 원자로 안에서 냉각수를 데우는 데 쓰인다. 냉각수란 원자로의 솥이라고 할 수 있는 압력용기 안에서 돌아다니는 물이다. 그러니까 핵에너지는 일단 핵분열 파편의 운동에너지가 되고, 이것이 열에너지로 바뀌어 물을 데워서 증기를 만든다. 그리고 이 증기가 기계적 에너지로 되어 터빈을 돌려서 발전기가 돌아가게 되는데, 이때

비로소 전기에너지로 변한다. 이처럼 매우 까다로운 발전방식을 취하기 때문에 에너지의 전환효율을 생각할 때 핵에너지가 전기에너지로 변화하는 효율은 아주 나빠진다.(자세한 설명은 생략하지만 현재 사용되는 원자로는 '경수로'[5]라고 하는데 '가압수형'과 '비등수형'이라는 두가지 형이 있다. 그림1-2 참조)

원자력이라고 하니까 대단히 첨단적이고 새로운 발전방식이라고 생각할지도 모르지만, 발전의 전 과정을 추적하면 마지막에 가서 화력발전과 같이 터빈을 돌리고 발전기를 회전시켜서 전기를 생산하는 대단히 '고전적인' 발전형태에 의존하지 않을 수 없다는 것을 알 수 있다. 이와 같이 가는 길이 아주 복잡하기 때문에 에너지의 전환효율은 오히려 화력발전보다 못하게 된다. 잘돼도 처음 핵분열로 우라늄이 연소해서 생긴 에너지의 30~34퍼센트 정도, 그러니까 1/3 정도가 전력으로 사용될 뿐이고 나머지 2/3는 전력이 되지 않는다. 이것은 온배수(溫排水)로 환경에 폐기되는데, 이것이 또 새로운 환경오염원이 된다. 요컨대 원자력발전소는 결코 에너지를 효율적으로 이용하는 시스템이 아니라는 기본적인 문제

---

5) 중성자의 감속재(減速材)로 원자로에서 열을 운반하는 냉각수로 경수(보통 물)를 쓰는 원자로. 연료는 3~4퍼센트로 농축된 우라늄을 쓴다. 가압수형(PWR)과 비등수형(BWR)이 있다. PWR은 냉각수가 1차 냉각수와 2차 냉각수로 되어있는 것이 특징이다. 2차 냉각수는 증기발생기라고 하는 열교환기에서 증기가 만들어진다. 방사능을 가두어두는 구조가 BWR보다 뛰어나다고 하지만 방사능을 1차계에 가두어두려고 하는 부분만큼 증기발생기에 부담을 주게 되는 원자로라 하겠다.

BWR은 냉각수에 1차계와 2차계의 구별이 없으며 원자로 내에서 직접 증기를 만들어내는 원자로. 원자로에서 나오는 증기가 바로 격납용기 밖으로 나오기 때문에 파이프에 파단(破斷)이 일어나면 방사능이 환경 속으로 방출될 염려가 있다. 노동자 피폭이나 환경오염이 많은 원자로라는 말을 듣는다.

그림1-2 에너지의 전환효율이 나쁜 원전

◆ 가압수형(PWR)의 개념도

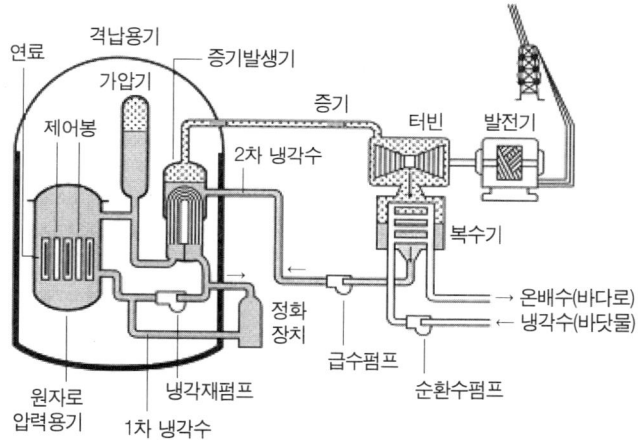

◆ 비등수형(BWR)의 개념도

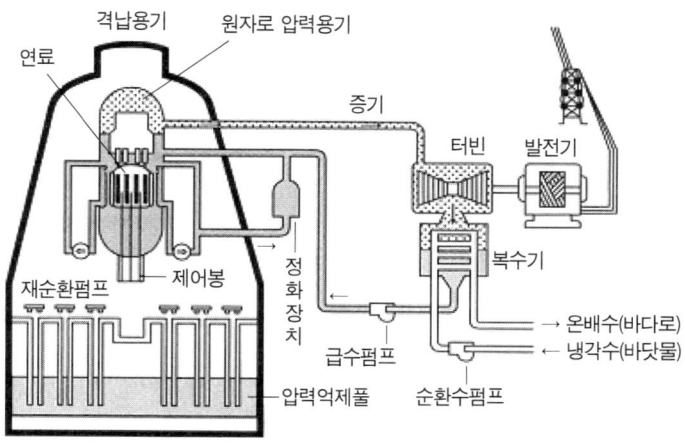

가 제기된다.

이야기를 좀 건너뛰자면, 결국 핵에너지는 방대한 에너지를 방출하며 그것을 쓸 수 있는 방법도 이러저러하게 많이 줄 알았는데, 사실은 아무짝에도 쓸모없는 에너지라고 할 수 있다. 예를 들면 한때는 비행기나 로켓, 자동차 동력으로 쓸 수 있을 것이라는 둥, 제철(製鐵)에도 쓸 수 있을 것이라는 둥 이러저러한 이용법이 제기되기도 했었다.

그러나 결국은 방사능문제가 가장 큰 장애물이 되어서, 그러한 가능성이 없어지고 말았다. 고작 열에너지로 솥에 물을 끓여 증기를 만들고, 그것으로 증기터빈을 돌리는 방법만을 사용하게 된 것이다. 한마디로 핵에너지는 당초 생각한 것처럼 획기적인 에너지가 결코 아니라는 것이 확인되었다. 이 점을 분명하게 알지 않으면 안된다. 왜냐하면 아직까지도 핵에너지가 아주 획기적인 형태의 에너지라는 환상에 젖어있는 사람들이 있기 때문이다.

파국적 사고의 가능성은 항상 있다

원자력발전의 세번째 문제는 거대사고의 가능성을 배제할 수 없다는 것이다. 이제까지 언급한 두가지 문제와 관계가 있지만 핵에너지를 생산하는 과정에서는 거대한 에너지 집중이 있어야 하고, 또 불안정화된 많은 방사성물질이 다량으로 축적된다. 원자력발전소는 그러한 것들을 원자로 내에 가둬두고 발전할 수밖에 없다. 그러므로 시스템에 문제가 생기면 내부에 축적되어 있는 방대한 유해 방사능이 환경에 방출될 가능성을 배제할 수 없다.

이런 문제 때문에 '안전신화'에도 불구하고 꼬리를 물고 사고가 일어났으며, 그러면서도 방대한 양의 방사능을 원자로 안에 쌓아놓은 채 원자로를 운전하지 않을 수 없는 게 오늘의 현실이다. 그렇기 때문에 원자로에 이상이 생기면 거대한 사고가 일어날 가능성이 언제 어디서나 존재한다. 자세히 얘기하자면 끝이 없지만 이것도 다른 기술에서는 찾아볼 수 없는, 원자력에서만 볼 수 있는 기본적인 어려움이다.

거대사고의 가능성은 체르노빌 사고[6]에 의해서 이미 확인되었지만, 일단 거대사고가 일어나면 아주 오랜 세월에 걸쳐서 광범위하게 파괴적인 영향을 주게 된다. 체르노빌 사고에서는 물론 현지의 몇십킬로미터 내에 사는 사람들에게 직접적인 영향을 미쳤을 뿐 아니라, 유럽 및 넓게는 전세계적 규모로 방사능 비를 내리게 했으며, 또한 광범위한 식품오염을 초래했다. 또한 지표의 방사능오염이 장기적으로 계속되고 있으며, 그곳에 사는 사람들에게 오늘까지도 영향을 주고 있다. 특히 우크라이나의 벨라루시나 러시아 등 체르노빌 주변 지역 수백킬로미터 범위 안에서는 아직까지도 이러저러한 장애로 고통받는 사람들이 있다.

다시 JCO 임계사고와 연관시켜서 이야기하면 토카이무라(東海村) 사고 때 연소된 우라늄은 1밀리그램이었지만 체르노빌 사고

---

[6] 1980년 4월 26일, 구 소련 우크라이나에서 일어난 원자로 폭주(暴走)사고. 발단은 원자로를 정지시킬 때 이상한 저출력을 시도한 실험이었다. 제어봉의 설계 하자 때문에 원자로의 반응이 촉진되어 폭주·폭발하여 산산조각이 난 연료와 물이 반응, 수증기 폭발이 연쇄적으로 일어나 방사능물질이 대량 방출되었다.

때 원자로 안에는 수톤의 우라늄이 쌓여있었기 때문에, 그것이 연소하여 생성된 방사성물질은 토카이무라에서 생성된 방사성물질의 몇억배, 몇백억배나 되는 것으로서, 이것이 전 지구에 퍼진 것이다.

히로시마의 원자탄은 우라늄이 연소한 규모로 계산해서 JCO 임계사고의 몇백만배였다고 하지만, 장기적으로 남는 방사능의 피해라는 면에서 보면 거대한 원자로가 붕괴될 경우 히로시마와 나가사키 원자탄의 백배, 천배의 방사능이 일거에 방출될 것이다. 그것은 실로 파국적인 사태로 이어질 것이 분명하다. 단 한번이라도 일어나서는 안될 이러한 잠재적 사고의 가능성을 지닌 채 원자로가 존재한다는 점에서도, 원자력발전은 다른 테크놀로지에서는 유사한 예를 찾아볼 수 없는 엄청난 위험성을 간직한 기술이라는 것을 우리는 분명히 인식할 필요가 있다.

제2장
'원자력은 무한한 에너지원'이라는 신화

잔학성과 장밋빛 기대 사이에서

이 장에서부터는 갖가지 원자력신화의 형성과 붕괴 과정에 대해 살펴보기로 한다. 원자력발전은 대체로 핵무기개발을 위한 기술을 '평화적 이용'이라는 정치적 목적을 내걸고 전세계에 도입시켰다. 원자력개발은 당초 주로 군사적 목적에서 이루어졌다는 것은 말할 것도 없다. 미국의 원자탄 개발계획과 그것을 뒤쫓아간 소련(당시)의 경우, 처음부터 상업적 이용을 생각했다고 볼 수는 없다. 그러나 일반적인 물리학자나 기술자 그리고 이 계획에 가담한 정치가 중에는, 그처럼 방대한 에너지를 단순히 군사적 목적이 아닌 상업용 또는 '평화적'으로 이용하여 상업적인 이익도 얻을 수 있겠다고 생각한 사람이 있었을 텐데, 그것은 어떻게 보면 자연스러운 일이었을지도 모른다.

그러나 한편에서는 히로시마나 나가사키의 참극에서 경험한 핵의 파괴성, 특히 대량의 '죽음의 재'로 방사선에 의한 후유증을 남긴다는 사실 때문에, 핵의 민간 이용을 쉽게 받아들일 수 없다고 생각한 사람들도 많았다. 그래서 이러저러한 갈등이 많았다고 생각한다. 그렇지만 지금까지도 그 기술에 직접 참가한 사람들 사이에는 핵에너지의 해방 덕분에 인류는 오랜 꿈이었던, 또는 일찍이 꿈에서조차 상상할 수 없었던 고도의 과학기술에 도달했다는 감회가 있는 것 같다. 이러한 첨단적인 에너지를 어떠한 형태로든지 평화적 목적을 위해서 이용하고, 그것이 핵무기의 잔혹성을 능가할 수 있도록 하고 싶다는 생각이, 말하자면 과학기술 발전의 역사라는 막연한 장밋빛 기대 또는 역사의 필연적 방향이라는 생각 속에서 뿌리 깊게 존재했다고 생각한다.

유가와 히데키 씨가 시로 나타낸 감회

여기서 흥미로운 얘기를 하나 하고 싶다. 우선 유가와 히데키(湯川秀樹) 씨가 1949년, 잡지 《소년소녀의 광장》에 발표한 〈원자와 인간〉이라는 시에 눈을 돌리기로 한다. 1949년이니까 원자탄이 투하되고 4년, 사람들이 원자탄을 알고는 있었지만 아직 일본에서는 물론 미국에서조차도 원자력발전은 직접적이며 현실적으로 논의되지 않던 때다. 그런 시기에 유가와 씨는 다음과 같이 썼던 것이다. 꽤 긴 시지만 오늘날 일반에게는 그다지 알려지지 않았기 때문에 그 전문을 소개한다.

인간은 아직 이 세상에 태어나지 않았었다
아메바도 아직 보이지 않았고
원자는 그러나 이미 거기 있었다
수소원자도 있었고
우라늄원자도 있었다
원자는 언제 생겼을까
어디서 어떻게 생겼을까
아무도 모른다
어쨌든 거기 원자는 있었다

원자는 끊임없이 활동하고 있었다
오랜 오랜 시간이 지나갔다
수소원자와 산소원자가 부딪쳐서 물이 생겼다
바위가 생겼다
흙이 생겼다
원자가 많이 모여서 복잡한 분자가 되었다
어느 사이에 아메바가 움직이기 시작했다

이윽고 인간까지 생겨나게 되었다
원자는 그러는 사이에도 끊임없이 활동하고 있었다
물속에서도 흙속에서도
아메바 속에서도
그리고 인간의 몸속에서도
그렇지만 인간은 아직 원자를 알지 못했다
인간의 눈에는 보이지 않았기 때문이다

또 오랜 시간이 지나갔다
인간은 천천히 천천히 미개시대에서 벗어나고 있었다
확실한 '사상'을 가진 사람들이 나타났다
어느 소수의 천재들의 머릿속에 '원자'의 모습이 떠올랐다
사람들이 원자에 대한 상상을 자유롭게 하는 시대가 있었다
원자의 모습을 잃어버릴 뻔한 시대가 있었다
사람들이 연금술에 정신을 빼앗긴 시대도 있었다
이렇게 저렇게 하는 동안에 다시 2천년 가까운 세월이 흘러갔다
'과학자'라고 불리는 사람들이 하나둘 등장했다
원자의 모습이 갑자기 확실해졌다
그게 얼마나 작은 것인지
그게 얼마나 빠르게 움직이고 있는지
얼마나 서로 다른 얼굴의 원자가 있는지
과학자의 대답은 점점 세밀해졌다
그들은 차츰 자신감을 부풀려나갔다
그들은 단언했다
연금술은 어리석은 사람의 꿈이다
원자는 영원히 그 모습을 바꾸지 않는다
그리고 그것은 쪼갤 수 없다

마침내 19세기도 끝나가고 있었다
이때 과학자는 잘못을 깨달았다
우라늄원자가 서서히 깨져가고 있다는 것을 알게 되었다
인간이 없었던 옛날부터 조금씩 조금씩 깨지고 있었던 것이다

깨진 우라늄에서 라듐이 생겼던 것이다
붕괴된 최후의 잔해가 납이 되어 퇴적하고 있는 것이다
원자는 다시 깰 수 있다는 것을 알게 된 것이다
전자와 원자핵으로 재분할할 수 있다

마침내 20세기가 찾아왔다
과학자는 몇번이고 놀라지 않으면 안되었다
몇번이고 반성하지 않으면 안되었다
원자의 참모습은 인간의 마음에 그려졌던 것과는 전혀 다른 것이었다
과학자의 노력은 그러나 헛되지 않았다
'원자란 무엇인가'라는 질문에 이제 틀리지 않은 답을 할 수 있게 되었다
원자핵은 다시 분할할 수 있는가
그것을 인간의 힘으로 할 수 있는가
이것이 남겨진 문제였다
이러한 최후의 질문에 대한 대답은 무엇이었던가
'그렇다' 하고 과학자가 대답할 때가 왔다

실험실 한구석에서 원자핵이 파괴되었을 뿐만이 아니었다
마침내 원자폭탄이 터졌던 것이다
마침내 원자와 인간이 맞대면하게 된 것이다
거대한 원자력이 인간의 손 안으로 들어온 것이다
원자로 안에서는 새로운 원자가 끊임없이 만들어지고 있었다
개울물로 끊임없이 냉각시키지 않으면 안될 만큼 많은 열이 발

생하고 있었다
　인간이 가까이 가면 금방 죽어버릴 만큼 많은 방사선이 발생하고 있었다
　석탄을 대신해서 우라늄을 연료로 하는 발전소
　이제 곧 그것이 만들어질 것이다

이 시(詩)에 물리학자 유가와 히데키의 이러저러한 감회가, 또는 갖가지 사실이 이미 서술되어 있다고 할 수도 있다. 그는 "마침내 원자폭탄이 터졌던 것이다", "마침내 원자와 인간이 맞대면하게 된 것이다"라는 사실을 언급하고, "인간이 가까이 가면 금방 죽어버릴 만큼 많은 방사선이 발생하고 있었다"라고 한편에서 심각성을 시사하면서, 마지막 두행에서는 "석탄을 대신해서 우라늄을 연료로 하는 발전소 / 이제 곧 그것이 만들어질 것이다"라고, 아이들이 읽는 시에 썼다. 1949년 무렵에 이미 원자력을 발전(發電)에 쓰게 되리라고 말하고 있는 것이다. 유가와 씨만 이런 생각을 했던 것이 아니고 아마 꽤 많은 사람들이 그러한 기대를 하고 있었다고 생각한다. 한편에서 원자탄 투하가 있었는데도, 그 엄청난 비극을 가져다준 거대한 에너지를 인류를 위해 언젠가는 발전(發電)이라는 형태로 이용하게 되리라는 생각을 가지고 있었던 것이다.
　말이 나온 김에 하는 말인데, 유가와 히데키 씨는 1956년 일본에서 최초로 결성된 원자력위원회에서 일본의 원자력계획을 검토할 때 원자력위원으로서 참가했던 사람이다. 그러나 원자력 그 자체에 대해서 처음부터 상당한 위화감을 가지고 있었던 데다가 일

본이 정치주도적으로 원자력을 도입하는 과정에 대해서 대단히 비판적이었기 때문에, 얼마 후에 원자력위원에서 물러나게 된다. 그 후 유가와 씨 자신은 원자력발전이 현실화하는 데 어려움이 있다는 것을, 한발짝 물러난 위치에서 직시하고 있었다. 또한 만년에 이르러 원자력발전에 대해 상당히 비판적인 생각을 갖게 되었다.

여하간에 유가와 씨는 아주 보기 드문 시를 통해서 그의 심정을 피력했는데, 당시 꽤 많은 사람들이 유가와 씨처럼 생각했었다고 볼 수 있다. 원자폭탄으로 확인된 거대한 핵에너지를, 즉 우라늄 235가 1밀리그램 연소함으로써 무서운 임계사고를 일으킨 것 같이 우라늄의 핵분열을 이용하여 거의 무한한 에너지를 만들어낼 수 있지 않겠는가 하는 거의 신화나 다름없는, 또는 이상에 가까운 생각이, 반쯤은 원자탄의 공포와 맞물려서 발전해온 것이다.

'가상'에 불과한 '무한한 에너지원'

정확한 출전은 생각나지 않지만, 우라늄에 관련된 문헌에서 "virtually limitless source of energy"라는 말을 몇번인가 본 것 같다. 여기에서 'virtually'는 '실질적으로'라는 뜻으로, "실질적으로 무한한 에너지원"이라는 말이 된다.

그런데 최근 자주 쓰이는 "virtual reality"라고 할 때의 'virtual'은 '가상적'이라는 뜻이다. 특히 컴퓨터와 관련해서 유행하는, '진짜 현실'이 아닌 '가상의 현실'이라는 의미로 쓰인다. 이런 의미에서 읽으면 "virtually limitless source of energy"라는 표현도 일리가 있다. 왜냐하면 '무한한 에너지원'은 '실질적'인 게 아니라 '가상'이었다는 게 오늘 많은 사람들의 느낌이기 때문이다.
 핵분열뿐만 아니라 핵융합까지 포함해서, 우리는 무한한 에너지를 만들 수 있지 않을까 하고 생각한 때가 있었다. 그리고 핵을 받아들이면 거의 무한한 에너지를 손에 넣을 수 있다고 생각했다. 그것이 '가상'에 불과했다는 것을, 사람들은 최근에 와서야 깨닫게 되었다.

개발 초기부터 있었던 의문점

 '실질적으로 무한한 에너지원'에 대한 기대는, 실제로 상당한 어려움이 따른다는 현실에 부딪쳐서 점점 시들해졌다. 오히려 그것이 현실화되지 않았던 1940년대에는 그러한 기대가 더 컸을지도 모른다. 현실적인 에너지원으로 이용한다는 것은 상업행위를 의미하는데, 이것이 가능하겠는가 하는 문제와 관련해 초기부터 이러저러한 의문이 제기되었다.
 하나는 원자력발전에 수반되는 방사능 방어 또는 사고가 일어났을 때의 손해와 배상 등의 문제가 있고, 더구나 원자력의 제어에는 막대한 돈이 필요하다. 게다가 자꾸 되풀이하지만 대량으로 방출될 위험성이 있는 에너지를 공공적인 전원(電源)으로 쓸 수 있는가, 다시 말해서 일반적인 전력생산의 수단이 될 수 있는가 하는 문제가 사람들의 머릿속에는 틀림없이 있었을 것이다.
 그리고 앞 장에서 언급했지만 원자력을 직접 전력으로 바꾸는 수단이 없었고, 또 이것을 전력 이외의 에너지원으로 사용할 수 있는 방법이 발견되지 않았다는 사정도 있었다. 많은 사람들이 석탄이나 석유를 에너지원으로 쓰는 데 비해 아무래도 원자력은 엄청나게 큰 어려움이 있을 것이라고 생각했을 것이고, 거기다가 핵무기의 공포와 연결되어 군사적 이용과 분리할 수 없다는 문제까지 포함되어 원자력의 한계를 직감적으로 느꼈으리라고 생각한다.

따라서 원자력개발의 초기, 아마도 맨해튼계획이 시작될 때부터 그 어떤 위치에 있었던 사람들은 이것을 에너지원으로 사용하려는 발상을 했을지도 모르지만, 그것이 현실적 계획이 되는 데는 꽤나 많은 시간이 필요했던 것이다. 그러는 동안 1940년대부터 50년대에 걸쳐서, 무한에너지는커녕 오히려 다른 에너지원과 비교해서 핵에너지를 상업적으로 이용하는 것은 어렵지 않을까 하는 생각이 더욱 강해졌다.

핵무기 개발경쟁 시대로

원자력에너지의 상업적 이용이 어렵다는 점과 함께 더욱 어려운 문제는 핵무기가 전세계에 확산되는 게 아닌가 하는 공포감이었다. 이것은 물론 제2차 세계대전이 끝난 직후부터, 아니 그전부터 이미 논란이 되었던 문제다.

미국은 1945년 8월에 히로시마와 나가사키에 원자탄을 투하했다. 그보다 먼저 7월에 세계 최초의 원폭실험을 미국의 뉴멕시코주 아라모골드에서 성공시켰다. 그 후 4년이 지난 1949년 소련(당시)은 이른바 '스탈린의 원자탄'을 완성시켰다. 이때 미국은 더욱 강력한 파괴력을 지닌 수소폭탄으로 새로운 핵무기(열핵무기)의 단계로 나아갔다. 이는 1952년의 실험 성공과 그 이후의 본격적인 개발로 이어졌다. 그것을 뒤쫓아가듯이 1953년에는 소련이 역시 수소폭탄에 성공했다. 원자탄에서 4년 뒤진 소련이 수소폭탄에서는 단 1년 뒤졌고, 그냥 놓아두면 어느 땐가 미국과 소련 이외의 국가들도 핵무기개발에 나서리라는 것은 불을 보듯 뻔했다.

한편 영국과 소련은 1940년대부터 원자력발전에 뜻을 두게 된다. 아까 얘기한 유가와 씨의 시에 "우라늄을 연료로 하는 발전소"라는 말이 나왔지만 그것은 미국이 아니라 오히려 소련의 원자력발전소를 염두에 두고 한 말이었다고 생각한다. 원자력에너지를 민간에서 이용하는 문제도 국제적인 사정거리 안으로 들어왔으며, 영국이나 소련의 뒤를 이어 다른 많은 나라들도 그런 방향으로 나아가리라는 전망이 세계적인 추세였다. 그러한 과정에서 핵무기개발 경쟁이 일어나면서 1950년을 하나의 경계로, 싫든 좋든 핵시대로 들어가는 시대적 상황이 가시적으로 조성되었다.

말하자면 핵무기를 둘러싸고 상당한 위기감이 조성되었던 것이다. 이러한 상황에서 1953년 12월 8일 유엔총회에서 아이젠하워 대통령은 유엔 연설, 즉 그 유명한 〈아톰즈 포 피스(Atoms for Peace)〉를 발표했다. 사실 엄밀하게 보면 "atoms for peace"라는 말은 없다. "peaceful uses of atom", 다시 말해서 '원자의 평화적 이용'이라는 표현을 표어처럼 'Atoms for Peace'라고 한 것이 대단히 유명하게 된 것이다.

정치적 목적의 선언, '아톰즈 포 피스'

'아톰즈 포 피스', 다시 말해서 '평화를 위한 원자력'이라는 구호로 미국도 평화적 이용에 나서겠다고 선언한 것이다. 아이젠하워는 "미합중국은 여러분 앞에서 ― 다시 말해서 전세계 인류 앞에서 ― 무서운 아톰의 딜레마의 해결을 돕고, 인류의 기적적 산물이 인류의 죽음에 이용되는 일이 없고 인류의 삶에 봉사하는 길을 발견할 수 있도록 정성을 다해서 노력할 것을 맹세한다"고 말했다.(R. 커티스·E. 호건 지음, 다카기 진자부로 옮김, 《원자력의 신화와 현실》紀伊國屋書店, 1981년)

여기서 원자력을 '인류의 기적적인 산물'이라고 표현했는데, 이것은 원자력의 '신화화'라든가 유가와 히데키 씨의 시에서도 나오는 현대의 '연금술'이라는 말과 통하는 것이다. 그러한 '기적적 산물'을 평화를 위해서 쓰겠다는 선언이다.

당시의 시대적 배경에서, 핵의 '평화 이용', '상업 이용'은 그것이 적극적인 의미에서 제기되었다기보다는 오히려 수소폭탄 개발에까지 이른 미·소의 핵 경쟁하에서, 말하자면 미·소 공동으로 핵을 관리하자는 말이었다고 생각한다. 그리고 더이상 다른 나라로 핵무기가 확산되지 않게 하자는 이 연설은 후일 '핵무기확산방지조약'의 기초가 되는 체제 구축을 제안한 것이라고 하겠다. 그 대신 평화적 이용을 희망하는 나라에 대해서는 평화이용에 국한해서 핵의 사용을 인정하자는, 이를테면 미국의 리더십으로 평화이용을 보증하겠다는 취지의 연설이었던 것이다.(평화이용 신화에 대한 상세한 것은 제4장을 참조)

말하자면 '아톰즈 포 피스'는 대단히 정치적인 선언이었던 것이다. 핵의 군사이용이나 확산을 억제하기 위해서 미국 또는 미·소가 함께 주체가 되어서 상업이용으로 눈을 돌리게 했던 것이다. 핵무기 기술 그 자체는 미·소가 거의 독점적으로 관리하는 전략적 구상에서 '아톰즈 포 피스', 즉 평화를 위한 원자력이라는 슬로건이 제안되었던 것이다. 그때부터 상업이용이 시작되었다고 생각할 수 있다.

따라서 새로운 물리학이나 과학기술을 써먹겠다는 사람들의 바람 같은 것을 따르기는 했지만, 애당초 원자력의 상업이용은 커다란 정치적 목적을 가지고 '위로부터' 도입되었던 것이다. 이 점은 특히 주목해야 한다고 생각한다.

산업적인 필연성이 없었던 원자력 이용

이처럼 위로부터의 정치적인 도입은 다른 산업기술과 비교해보면 매우 특이한 것이다. 전쟁기술과 강력하게 관련된 산업기술은 정치적으로 도입될 수도 있지만, 일반적으로 우선은 산업이 독자적으로 이러저러한 발전된 기술을 수용한다. 산업경제적인 필요성에서, 이를테면 증기기관의 발명이나 내연기관이 만들어졌던 것이다. 그리고 실제로 산업적 측면에서 기술은 한단계 한단계 발전하면서 사회적으로 검증되고 나쁜 점은 고쳐져나간다. 경제적으로 합당한가 그렇지 않은가 검증되면서 사회적으로도 알맞은 기술이 상업적인 기술로 정착하게 된다. 이런 형태로 기술과 관련된 산업은 발전해왔다.

그런데 원자력은 그렇지 않았다. 정치적으로 개발해야 하는 상황이 불현듯 형성되었다. 이에 대한 기술의 준비나 산업의 준비 등은 전혀 없는데도 위로부터 정치적으로 '평화이용'이라는 강력한 명령이 내려왔던 것이다.

이 배경에는 국가권력과, 산업자본보다는 금융자본이 작용했으며, 국제적인 흐름도 강하게 작용했던 것이다. 그렇기 때문에 원자력이 엄청난 에너지를 가져다주리라는 얘기는 처음부터 어떤 의미에서 하나의 '신화'로 등장하게 되지만 그것은 좀체로 현실로 정착될 수 없었다. 이것은 제6장 '원자력은 값싼 전력을 공급한다'는 신화와 뒤엉킨 얘긴데, 일반적으로 산업계는 쉽사리 원자력에 손을 내밀지 않았다. 원자력은 아주 많은 투자가 필요할 것 같은데 현실적으로 당시는 석유나 석탄이 눈앞에 있어서 아주 싸게 살 수 있었기 때문이었다. 그래서 산업계나 전력업계에서 적극적으로 원자력의 평화이용에 나설 필요가 없었다. 미국에서도 1953년 정부가 평화이용을 내세웠지만 1954년에야 겨우 예산이 책정되어 국가기관을 중심으로 원자력개발이 시작되었다. 한편 미국과 소련이라는 테두리에서 1955년부터 원자력 이용에 관한 제네바회의가 열리게 되었고, 거기에다가 국제원자력기구(IAEA)가 만들어졌다.

그러니까 한편에서 군사이용을 감시하면서 다른 한편에서 평화이용을 촉진한다는, 후일 NPT[7], 즉 '핵무기확산방지조약'으로 이어지는 체제의 원점 같은 것이 1950년대 중반경에 만들어진 것이다. 그러나 그 단계에서 전력회사는 원자력에 손을 내밀지 않았다. 거의 모두가 꽁무니를 빼고 관망하는 상황이었다.

---

7) Treaty on Non-Proliferation of Nuclear Weapons. NPT 성립 경과 및 문제점에 대해서는 제4장을 참조.

요컨대 산업적인 필연성에서 원자력개발이 시작되지 않았다는 얘기다. 미국의 경우, 어떻게 하면 원자력을 궤도에 올려놓을 수 있을까 하고, 초기 단계에 개발된 '구명정(shipping boat)' 같은 원자력발전소에는 정부가 돈을 대줬는데, 예를 들면 정부가 조성금(助成金)이나 보호수단을 강구해서 산업계가 이것을 받아들이도록 이러저러한 방법을 썼다. 산업계는 꽁무니를 뺐는데도 정부가 그렇게 했던 것이다.

미국의 원자력신화

스리마일섬 원자력발전소 사고[8] 직후 1980년에, 앞에서 인용한 《원자력의 신화와 현실》이라는 책이 미국에서 출판되었다. 커티스와 호건이라는 두사람의 저널리스트가 쓴 책이다. 미국에서는 이미 그 당시에 원자력신화가 붕괴되었지만 역시 원자력신화를 검증한 책이기 때문에 소개해볼까 한다. 그 무렵의 미국 상황에 대해서는 J. W. 쿤의 《원자력산업에서 과학과 경영상의 인적자원》을 인용하고 있다. "전력의 공영화라는 협박에 굴복하여 몇몇 전력회사가 대형 원자력발전소 계획을 추진하게 되었는데 기업 측은 아무도 원자력발전소에서 이윤을 기대하지 않았다. 원자력발전소 계획의 동기는 굉장히 소극적인 것이었고, 민간용 원자력은 민간의 소유

---

8) 1979년 3월 28일 미국의 스리마일섬 원자력발전소 2호로에서 일어난 멜트다운(meltdown : 원자로 노심의 용융) 사고. 사소한 문제로 증기발생기로 가는 급수가 정지되고 원자로용기의 압력이 상승, 압력을 낮추기 위해서 열가압기를 열었는데 그만 안전판이 닫히지 않아서 원자로의 냉각수가 새는 바람에 빈 솥에 불을 땐 것 같은 상태에서 연료가 용융되어 멜트다운되었다.

로 해두자는 것이었다. 우리는 민간기업의 지위를 지키기 위해서 시작했고, 투자한 돈도 민간기업을 지키기 위한 적립금이었다"고 어느 회사 사장은 말했다. 또다른 회사의 사장은 원자력을 시작한 이유를 이렇게 설명했다. "우리는 구명보트(원자력발전소)를 만드는 계획에 신청은 했지만 계약이 깨졌을 때 사실은 안도의 숨을 내쉬었다. 우리 회사는 원자력을 하고 싶은 생각이 별로 없었다. 다른 기업들도 진짜로 원자력을 할 생각은 없었을 것이다. 그러나 아는 바와 같이 할 것인지 말 것인지 결정하지 않을 수 없었다 ─ 그리고 실제로 행동하지 않으면 안되었다. 정부는 원자력의 민간개발을 추진했고 그렇게 강하게 추진하는 바람에 참가를 거부할 수가 없었다."

이러한 발언이 튀어나오는 상황이었다. 산업계는 역시 상업화는 그다지 기대하지 않았는데도 정부 측이 강력하게 추진하는 바람에 핵무기개발의 기술을 민간기업에서 민사이용으로 추진하지 않으면 안되었던 것이다. 첨단기술을 정부가 도와줘서 하게 한다면 그러한 특권을 지키자는 의미에서 민간기업도 일단은 참가하지 않을 수 없었던 것이다. 이 책은 미국의 원자력산업이 이렇게 소극적인 자세에서 1950년대 중반에 시작되었다는 것을 밝히고 있는 것이다.

어느 청년 정치가에 의한 강행돌파

그러면 일본의 사정은 어떠했는가. 일본도 이와 비슷한 상황이었다. 일본에서는 산업계도 그랬지만, 특히 학술회의를 중심으로 학자들이 원자력개발은 군사이용과 명확하게 경계선을 그을 수 없기 때문에 자칫하면 군사이용으로 흘러갈 수 있다는 이유로 강력하게 저항했다.

1954년 3월 2일, 이날은 특별한 날이다. 전날 3월 1일, 나중에 쿠보야마 아이키치(久保山愛吉) 씨가 사망하는, 죽음의 재에 의한 참변으로 이어진 비키니의 핵실험[9]이 있었다. 그날과 거의 때를 같이 한 3월 2일, 돌연 원자력에 관련된 예산안이 제출되고 그것이 국회를 통과했던 것이다. 그때 중심적인 역할을 한 것은 당시 미국에서 공부하고 돌아와서 대단히 적극적으로 활동하던 나카소네 야스히로(中曾根康弘)라는 청년 정치가였는데, 원자력 관련 예산안의 국회 통과는 실로 학술회의의 학자들에게 아닌 밤중에 홍두깨 같은 사건이었다.

당시 학술회의의 학자들 중 카야 세이지 씨, 후시미 야스하루 씨, 후지오카 요시오 씨와 같은 일류 인사들은 원자력을 어떻게 연구할 것인지를 논의하고 있었는데, 일본의 성급한 원자력연구에 대해서는 부정적이었다. 산업계에서도 역시 투자하면 곧 에너지원이 되고 장사가 된다고 생각하지는 않았기 때문에, 말하자면 좀 꽁무니를 빼고 있었다. 이러한 상황에서 나카소네 씨는 정치적으로 원자력의 도입을 획책한 것이다.

그 당시 "돈다발로 학자의 뺨을 때린다"는 말이 있었는데, 그런 방법으로 정치적으로 원자력을 추진했던 것이다. 예를 들면 좀 오

---

9) 1954년 3월 1일에서 5월 13일까지 미국은 북태평양 마셜군도 비키니·에니위톡 환초(環礁)에서 수폭실험을 했다. 3월 1일의 실험에서 시즈오카현 야이즈항의 참치잡이 어선 제5후쿠류마루의 승무원 23명이 피폭되었고 9월 23일에는 쿠보야마 아이키치 씨가 사망했다.

래된 책이지만 아주 유명한 역사적 명저라고 해도 좋을 미야케 야스오(三宅泰雄) 씨의 《죽음의 재와 싸우는 과학자》(岩波新書, 1972)는 이렇게 말한다. "3월 2일 갑자기 원자로 예산이 수정안 형식으로 중의원에 제출되었다. 이것은 당시 야당의 하나이던 개진당의 제안이었다. 이 추가예산안은 여야 3당(자유당, 일본자유당, 개진당)의 공동 수정안인데 이렇다 할 논의도 없이 3월 5일 중의원을 통과했다."

그 내용은 원자로 제작비로 2억3,500만엔, 우라늄 자원 조사비로 1,500만엔, 티타늄·게르마늄 같은 자원과 이에 대한 이용·개발비용으로 3,000만엔, 도서자료비로 2,000만엔 등 합계 3억엔이었다. 이 예산안이 중의원으로 넘어가서 자연성립으로 제19차 국회를 통과했다.

이 원자로 예산안을 만든 것은 당시 개진당 소속 국회의원 나카소네 야스히로, 사이토 켄조와 그 밖의 몇몇이라고 한다. 나카소네 씨는 훗날 그 당시를 이렇게 회고했다.

"학술회의는 (원자력의) 연구개발에 오히려 부정적인 생각이 강한 것 같았다. 나는 그러한 상황을 자세하게 조사하고 나서, 이미 이러한 단계에 이르렀으니 일본의 원자력문제를 해결하기 위해서는 정치의 힘으로 돌파할 수밖에 없다고 직감했다. (…) 국가의 방향을 결정하는 것은 정치가의 책임이 아닌가…"(일본원자력산업회의, 《원자력개발 10년사》 1965년)

이처럼 정치적으로 당돌하게, 원폭을 얻어맞고 채 10년도 되지 않은 1954년, 그것도 마침 비키니의 사고가 나서 그 방사능 피폭으로 많은 일본인이 히로시마 이상의 피해를 깨닫게 된 바로 그러한 '비키니의 해'에, 이른바 원자력의 도입은 강행되었던 것이다.

그리고 1954년은 미국에서 '노틸러스'라는 원자력잠수함이 가동된 해로서, 원자로가 동력으로 이용된 최초의 해이기도 하다. 그러니까 군사적으로 이용되던 원자로기술이 실용화단계로 접어든 시대였다. 그렇기 때문에 원자력에 많은 투자를 한 미국은 어떻게든 상업이용으로 회수해야 하는 속사정이 있었다. 1954년과 55년 이때 미국이 원자력의 평화이용을 부르짖게 된 데는 이런 속사정이 작용했던 게 아닌가 한다.

이것은 단순히 투자를 회수하려는 것 이상의 생각이다. 그때부터 원자탄개발과 원자력잠수함 개발 그리고 원자력항공모함 등의 형태로 원자력연구가, 그리고 어쩌면 각종 미사일기술을 탑재한 핵무기기술의 형태로 핵무기에 관한 연구가 미·소 양국이 핵개발경쟁으로 나아가는 과정에서 나라 안에서 큰 역할을 하게 된 것이다. 군사적 목적만 가지고 개발을 추진한 게 아니라 기술적인 분야를 확장하기 위해 상업이용까지 포함한 광범한 핵기술의 주변영역을 개발하는 일종의 기술전략, 다시 말해서 '핵기술 입국'적 전략이 있었다고 생각한다. 그리고 이것을 지탱하기 위해서 원자력은 무한한 에너지를 낳는다는 '신화'가 필요했던 것이다. 이는 나카소네 등에 의해서 고스란히 일본으로 도입되었던 것이다. 연구자도 부정적인 데다가 산업계 자체도 달가워하지 않아서 그대로 내버려두면 원자력개발이 언제 될지 모르는 상황에서, 국가가 머리 위에서 정치적으로 지도하고 개발하는 형태로 일을 추진했던 것이다.

결국 자연스러운 기술도입이 아니어서 나중에 잡음이 생기게 되었고, 그래서 이러저러한 신화가 필요했던 것이다.

금융자본주의는 기술적 기반의 취약성을 낳았다

이러한 경위로 일본에서는 1950년대부터 원자력개발이 시작되었지만, 그다지 매력적인 얘기가 아니었기 때문에 산업계는 여간해서 참가하지 않았다. 그 이유는 경제적으로나 기술적으로 상당한 어려움이 있었기 때문이다. 예를 들면 원자력잠수함에 대한 기술이 실용화단계에 있었다고는 하지만 잠수함의 원자로를 그저 육지로 끌어올리는 단순한 얘기가 아니었기 때문이다. 그리고 또 안전상의 문제, 경제적인 문제, 기술개발에 상응하는 산업구조의 기반, 그것을 받아들일 경제적 기반 등이 모두 부실했기 때문에 개발이 쉽게 진행되지 않았다.

게다가 원자력기술 그 자체도 이리저리 검토해보니 적용 가능성이 빈약하다는 것이 곧 드러났다. 당초에는 수많은 기술, 예를 들면 비행기에 탑재하면 비행기를 원자력으로 띄울 수 있지 않을까 라든가, 원자력잠수함이 있으니까 선박도 당연히 원자력으로 가게 할 수 있다든가, 또 남극의 쇄빙선(碎氷船)에 이용할 수 있을 테니까 상업용 선박에도 원자력을 이용할 수 있을 것이라는 등의 기대를 했었다. 그리고 원자력제철 같은 것까지로도 이용할 수 있을지 모른다는 생각을 했던 것이다.

그러한 의미에서 '무한한 원자력 이용'을 기대했지만, 실제로 적용해나가는 과정에서 그런 기대는 하나하나 붕괴되었다. 나아가서 원자력의 무한한 적용성에서 생긴 '거의 무한한 에너지원(源)'이라는 기대도 실제로 추진해나가는 과정에서 무너지고 말았다.

1950년대 중반, 앞서 얘기한 미국의 의도대로 일본 역시 같은 생각을 가지고 정부에서 먼저 움직이기 시작했다. 1954년 최초의 예산을 책정하고 1955년에 원자력기본법이 제정되면서 원자력위원회가 만들어지는 형태로 1955~56년경부터 정부가 본격적으로 착수했던 것이다. 그런 중에 민간에서는 정부의 도입태세에 뒤따르진 못했지만 이러저러하게 생각을 하고 있다가 드디어 산업계도 원자력을 시작하게 된다. 이런 상황이 현대의 원자력산업에서 제일 중요한 기초가 되는 것들이다.

이러한 개발이 진전되는 일련의 과정은 극단적인 '금융자본 주도형'이었다. 산업발전에 따라 기술이 자연스럽게 발전하는 형태가 아니라 정치적으로 어떤 목적이 설정되고, 강제적으로 "이것을 해라"는 식이었기 때문에 금융자본이 중심이 되어서 돈을 마련하고 강력한 개발대책을 세우게 된다. 이를테면 여기저기서 기술을 꾸어다가 하는 개발이었기 때문에 처음부터 기술적인 취약성이 뒤따랐다고 생각한다. 훗날 파탄난 원자력선박 '무쓰'의 개발[10]이나 고속증식로 '몬쥬'의 문제점, 게다가 최근에 일어난 JCO사고만 해도, 그 밑바닥에는 정치적 판단으로 시작되어 기술적 기반이 취약

---

10) '무쓰'는 원자력의 평화이용의 하나로 개발된 원자력 실험선박. 1974년 9월 초 임계 직후에 원자로 격납용기의 차폐물에 대한 설계 하자 때문에 방사선 누출을 일으켰다. 1990년 출력상승 시험을 재개했지만 사고가 속출되는 바람에 1995년 6월 선체에서 원자로를 떼어냈다. 그 후 해양지구연구선 '미라이(未來)'라는 선명(船名)으로 1998년 10월부터 연구 항해를 하고 있다.

한 원자력개발의 근본적 취약성이 있었다고 볼 수 있다.

구 재벌을 재편시킨 원자력

이렇듯이 일본의 원자력산업은 강한 정치적 의도에서, 정부와 금융자본의 지시로 형성되어 1950년 후반부터 여러 기업들이 형성되기 시작했다. 예컨대 나도 참가했던 미쓰이·도시바 계열의 일본원자력산업(NAIG)이나 미쓰비시 계열의 원자력그룹, 원자력 전업회사로 미쓰비시 원자력공업(MAPI), 히타치의 도쿄 원자력그룹 등 구 재벌 계열의 그룹기업 등이 그것이다.

종전 직후 '연합군 총사령부'의 명령으로 재벌이 법적으로 해체된 뒤 원자력을 계기로 구 재벌 계열들이 모여서 다시 그룹화하게 된 것이다. 그것은 곧 한 회사만으로는 도저히 감당할 수 없는 갖가지 위험을 함께 부담하자는 계획이었고, 아무래도 당장 과실(果實)을 낳지는 않지만 타사에 뒤져서는 안된다는 생각에서 너도나도 참가하게 된 계획이었던 것이다. 누구에게도 장래에 대한 명확한 전망이 없었지만, 여하튼 막차를 타면 안된다는 생각에서 그룹이 형성되고 원자력산업이 생기게 된 것이다. 나는 아주 초기 단계의 원자력산업에 참가한 미쓰이 계열 회사에 취직했기 때문에 그 때의 실제 분위기를 잘 알고 있다. 당시에는 원자력을 오늘과 같이 원자력발전만 하는 것으로 여기지 않고 거기에 다양한 이점이 좀 더 있지 않을까 하는 막연한 기대를 걸고 있었다.

예를 들면 회사에서 내가 있던 연구실은 핵화학을 연구했는데, 나중에는 원자로 주변의 원자로 화학이라든가 핵연료 등으로 연구가 모아졌다. 처음 내가 입사했을 당시만 해도 원자력이 반드시 원자력발전으로 집약되는 상황이 아니었던 것이다. 나의 연구분야였던 핵화학연구에서도 원자력발전보다는 오히려 각종 동위원소 제품을 생산해서 그것을 상업적으로 이용하려고 했었다. 방사성물질이나 동위원소는 그 자체가 원자력 이용의 형태로 장사가 될 것이라고, 그것도 무한에너지원의 일종인 원자력의 전환된 한 형태로 기대하고 있었던 것이다.

차츰 희박해진 원자력의 다양한 가능성

그 회사의 방사선화학연구실에서는 방사선의 이용을 연구하고 있었다. 예를 들면 물체의 강도를 높이거나 화학반응을 촉진시키는, 또는 강화플라스틱을 만들거나 방사선 조사(照射)로 여러가지 상품을 만드는 연구가 이루어지고 있었다. 방사선을 조사(照射)해서 부러지지 않는 야구방망이를 만드는 연구를 하는 사람도 있었다. 당시에는 원자력의 변형물을 만들기 위해서 하나의 연구실을 만들고 기초연구를 하기도 했던 것이다.

그리고 물리연구실에서는 가속기[11] 연구가 실행되고 있었으며 물리학 쪽 사람들은 그 기초연구를 했다. 이런 일을 하는 회사 측의 논리는 가속기 같은 것을 자꾸 만들어서 앞으로 산업분야나 일반에 쓰이는 도구를 만들어서 장사를 하면 된다는 것이었다.

나아가서 원자력의 열을 이용하는 것도 꼭 원자력발전뿐만이 아

---

11) 전자나 양자 등을 전기적으로 가속하는 장치를 말한다. 원자핵이나 소립자 연구에 필수적인 장치의 하나인데, 최근에 와서 화학이나 생명공학 등의 분야에서도 사용된다.

니라 원자력제철 등에도 가능하지 않을까 하는 생각을 했던 것 같다.(아니면 원자력선박 따위에 이용하려는 것 등) 실제로 내가 있던 회사는 원자력선 '무쓰'의 계획에 참가했다. 그러한 식으로 당시는 원자력발전만을 목적으로 한 게 아니라 다양한 가능성을 기대하고 있었던 것이다.

그런데 일상적인 원자력의 위험성이라는, 이른바 내가 말하는 '핵의 불안정화'라는 기술상의 어려움이 차츰 알려지는 바람에, 원자력의 다양한 가능성은 거의 기대할 수 없게 되었다. 일상생활에 직접 원자력을 도입할 수 있는 방법은 거의 모두 불가능하다는 것을 알게 된 것이다. 예를 들어 원자력을 수송기관의 에너지로 쓰는 것도 기본적인 안전성 때문에 어려움이 뒤따른다는 것을 알게 되었다.

최종적으로 결론은 원자력발전으로밖에는 원자력을 쓸 수 없다는 것이다. 뿐만 아니라 그것을 다루는 데에도 갖가지 조건이 필요하다. 이러한 문제에 대해서는 앞으로 자세히 설명하겠지만, 이를테면 발전을 하려면 우라늄 연료를 해외에서 채굴해서 들여오는 문제나 농축한 연료를 발전에 쓰고 난 폐기물 처리문제까지 생각해야 하고, 핵연료를 장시간 수송해야 하는 문제까지 포함해서 갖가지 준비가 필요했기 때문에, 그렇게 쉽게 이익을 낼 수 있는 발전형태가 아니라는 것을 알게 되었다.

매장량이 많지 않은 천연 우라늄

그런데 우리가 큰 충격을 받은 것은 천연 우라늄의 매장량이 한

정되어 있다는 사실이다(그림2-1). 보통 원자력발전은 천연 우라늄 중에 0.7퍼센트밖에 들어있지 않은 우라늄235를 연소시킨다. 우라늄은 농축해서 쓴다고 해도 기본적으로 천연 우라늄 중 0.7퍼센트 정도밖에는 가연성분이 없다. 게다가 그러한 천연 우라늄의 매장량이 한정되어 있다면 '무한 에너지원'이라는 말은 성립되지 않는다. 실제로 원자력발전을 하려고 조사하는 과정에서 차츰 이러한 사실이 밝혀졌던 것이다.

그래서 1950년대 중반경에 일본은 물론 미국에서도 정책적으로 원자력이 도입되었지만 실제로 민간회사가 본격적으로 원자력발전에 참가하는 데는 10년이나 걸렸던 것이다. 전력회사가 상업적

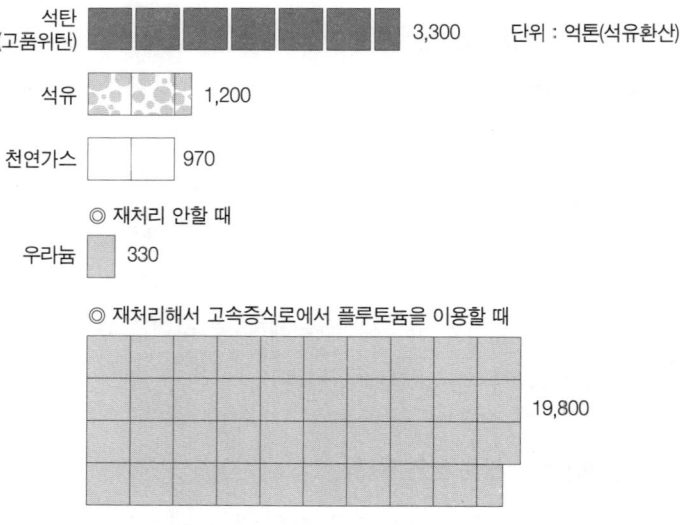

그림2-1 세계 에너지 자원 매장량

출전 : 전기사업연합회, 〈컨센서스 - 원자력발전 34가지 Q&A〉

으로 원자력발전을 도입하고, 이것을 민간의 원자력 기업이 상업화시킨 것은 1960년대 후반의 일이다. 일본에서 대체로 15년 정도의 역사가 필요했다는 얘기인데 그것은 미국의 기업과 같은 상황이 일본에서도 있었다는 것이다.

이제까지 얘기한 여러가지 이유 때문에 특히 천연 우라늄, 즉 우라늄235에 의존하는 한 자원량이 한계가 있다는 사정 때문에 '무한 에너지'라는 신화는 상당히 빠르게 붕괴된 것이다. 이때 다시 제기된 것이 '고속증식로'라는 신화다. 고속증식로는 에너지가 높은 중성자를 잘 이용해서 핵분열을 일으키게 하여 우라늄에서 플루토늄이라는 물질을 증식하는 원자로다. 우라늄이 이른바 2차적 원료가 되어서 플루토늄이 증식된다면 자원의 유효이용률은 엄청나게 증대된다고들 말했다. 갖가지 이론적 계산과 계산방법에 의해 보여지기도 했지만, 한마디로 말해서 자원이 60배나 증대된다는 것이다. 고속증식로를 이용하면 우라늄에만 의존하는 원자력발전의 한계를 단박에 뛰어넘어 그야말로 무한한 에너지원이라는 기대를 실현할 수 있지 않을까 하고 다시 떠들어대기 시작했다.

이러한 '플루토늄 신화'는 '무한한 에너지 신화'를 보강하는 신화로 부활해서 새로운 가설의 형태로 다시 나타났던 것이다. 하기는 일부 사람들은 상당히 초기 단계부터 증식 현상을 알고 있었으며, 고속증식로 계획도 사실은 원자력을 지향하는 사람들의 머릿속에서는 아주 일찍부터 있던 생각이다. 일본원자력위원회의 장기계획 등을 보면 1960년대 전반에 이미 일본은 앞으로 고속증식로 노선으로 나간다는 것을 말하고 있다.

고속증식로는 도깨비방망이가 아니다

고속증식로에 관한 얘기는 지금도 가끔 전력회사에 따라서 사용하고 있다. 이에 대한 실로 신화적인 수치가 있는데 전력회사의 말은 대체로 이러한 것이다.

"매장량만을 볼 때 우라늄은 자원으로서는 풍부하지 않다. 경수로를 주체로 하는 오늘의 원자력발전에 의존하는 한, 자원 매장량에서 원자력발전은 과도적인 에너지에 불과하고, 무한하다고 할 수는 없다. 다만 고속증식로를 사용해서 자원량을 60배로 늘릴 수가 있다. 이렇게 하면 일거에 석유·석탄·천연가스보다 매장량이 비약적으로 많아져서 거의 무한에 가까운 에너지원이 확보된다."

이것이 전력회사의 선전이었다. 60배라는 데이터를 근거로 증식로를, 옛날 전력회사가 잘 써먹던 말로 '도깨비방망이'와 같은 원자로라고 했던 것이다. 내가 원자력산업에 처음 들어갔을 때도 이러한 얘기가 큰 기대를 모으고 있었다.

그때가 1962년이었는데, 당시 일본원자력위원회가 세운 두번째 장기계획을 보면 1970년대까지 고속증식로가 실용화된다고들 말했다. 이것은 또하나의 신화라고 생각하지만, 이러한 형태로 기대감은 고조되었다. 도깨비방망이와 같은 원자로가 만들어지면 한번 뚝딱 두번 뚝딱 할 때마다 자꾸자꾸 연료가 늘어나는 원자로가 생긴다는 것인데, 이러한 얘기가 선전을 타고 파도처럼 원자력이 추진되던 시대가 있었다는 것이다.

그러나 고속증식로 신화는 말하는 것조차 창피할 만큼 완전히 붕괴되었다고 생각한다. 도깨비방망이 같은 원자로, 고속증식로 얘기는 10여년 전까지는 원자력산업이나 정부 같은 데서 발행한 문서에 남아있었는데, 최근에는 좀체로 보이지 않는다. 고속증식로에 관한 각국의 계획은 완전히 무너졌다. 고속증식로가 에너지를 만든다든가 인공적으로 자원을 만들어낸다는 식의 신화는 이제 완전히 붕괴되었다고 생각한다.

애당초 있을 수 없는 '무한한 에너지원'

우리가 알고 있는 고속증식로에는 '몬쥬(文珠)'와 '죠요(常陽)'[12]라는 실험로가 있다. '몬쥬'는 1995년 말 나트륨 누출로 비참한 화재사고가 일어난 후 지금까지 정지상태로 있는데, 이것이 전세계에 남아있는 모든 고속증식로 중에서 마지막 고속증식로라고 하겠다.

세계에서 선두를 달리며 '몬쥬'보다 10~20년 앞서간다던 프랑스의 대형 고속증식로 '슈퍼피닉스' 계획 역시 1998년에 완전히 붕괴되었다. 이것으로 프랑스의 고속증식로 계획은 종지부를 찍었다고 해도 좋다. 마지막으로 남아있던 일본의 '몬쥬'도 그 지경에 이르렀으니 지금까지 러시아에 화석처럼 남아있는 조그만 고속증식로가 이제 전부이다. 그러니까 "에너지를 증식한다"던 신화도 러시아와 일본에서만 아직까지 화석처럼 남아있다고 할 수 있으며 세계적으로는 완전히 붕괴되었다고 할 수 있다.

'무한 에너지원'이라는 신화는 자연의 법칙에서 생각할 때 도대

---

[12] 이바라키현 오아라이읍에 있는 고속증식로 실험로(핵연료사이클 개발기구 소유). JCO 임계사고 당시 작업원들이 만들고 있던 것이 바로 '죠요'에서 사용할 연료였다.

체 있을 수 없는 것이다. 무(無)에서 유(有)를 만들어내는 것은 불가능하며, 우리가 사용하는 에너지기술은 대개가 에너지를 하나의 형태에서 다른 또하나의 형태로 전환시킨 것이다.

이러한 무한신화의 역사에 기여한 것으로 '핵융합'이라는 것도 있다. 핵융합은 수소를 연료로 수소의 동위체인 중수소를 이용해서 핵을 융합하겠다는 것인데 이것으로 핵분열보다 더 큰 에너지를 만들 수 있다는 것이다. 중수소라는 것은 이를테면 바닷물 같은 데도 거의 무한으로 존재하니까 사실 이것이야말로 궁극적으로 무한한 에너지원이라는 신화다. 핵분열이 대단히 한정적인 데 비해, 핵융합은 그보다 더욱 발전된 핵기술이라고 해서 이러한 무한신화를 보강하는 것으로 제기되었다. 그러나 핵융합이 가까운 장래에 실현된다고 기대하는 사람은 이제 전세계에 아무도 없다. 핵융합은 실용화할 수 있는 기술로서가 아니라 연구대상으로 남아있는 정도이므로, '무한한 에너지원'이라는 신화는 이제 모든 측면에서 거의 붕괴되었다고 여겨진다.

생각해보면 이 얘기는 처음부터 엄청난 어려움이 있는, '신화'였다. 그리고 이미 지적한 바와 같이 정치적으로 원자력 도입을 획책한 사람들의 생각만으로 만들어진 신화도 아니라고 생각한다. 이것은 과학적인 에너지나 갖가지 전기적 에너지의 사용형태가 자꾸만 발전하면서 핵물리의 달성점에서 기술적 적용으로서 핵의 평화이용으로 나아가는 역사의 흐름이 만들어지고, 거기에서 일본인들이 진보니 발전이니 하는 것을 찾아보려고 한 표현이기도 하다.

일종의 장밋빛 과학기술 미래론과 정치적 생각이 결부됨으로써 엄청나게 큰 신화가 된 것이다. 거꾸로 말하면 이러한 신화의 붕괴를 확실하게 확인한다는 것은, 지금까지 우리가 마음속에 그려온 과학기술의 발전이라든가 장밋빛 미래론에 대한 반성으로도 이어지는 것이다. 어떤 장면에 대해서 엄밀한 검증을 해보면 장밋빛 과학기술 미래론은 사람들을 오도한다는 사실도 여기서 역사적 교훈으로 배울 수 있지 않을까 생각한다.

제3장
'원자력은 석유위기를 극복한다'는 신화

이용당한 석유위기

"원자력은 석유위기를 극복한다"는 신화는 원자력에 관한 두번째 신화이며 제2장에서 말한 '무한한 에너지원' 신화의 하나의 번안(飜案)이다. 1970년대에 석유위기라는 말이 나돌았을 때 유별나게 떠들어댄 에너지신화의 하나이다.

일본에 원자력이 등장한 1960년대는 마침 에너지가 석탄에서 석유로 대체되는 시대였다. 일본도 미쓰이미이케(三井三池)의 대대적 노동쟁의에서 상징되는 바와 같이 석탄산업이 엄청난 힘으로 괴멸되면서 정치적으로 석유산업으로 대체되고 아울러 고도성장의 경제시대가 전개된다. 원자력은 그러한 시대적 전환기에 시작되었다. 제2장에서 얘기한 것처럼, 원자력에는 앞으로 무한한 에너지를 제공하리라는 기대가 있었다. 그러나 현실적으로 당시는 에너지로서의 석유의존이 강화되는 시대였기에 당장 원자력에 의존한다고 생각한 사람은 아무도 없었다.

게다가 전력회사나 원자력산업 자체는 당장 원자력을 이용할 수 있으리라고 기대하지도 않았다. 이미 말했듯이, 오히려 그들의 에너지 전략은 매우 모호한 상황에서 정치적으로 원자력정책이 강행되었다.

그런데 1970년대에 들어서자, 특히 1973년에 이른바 오일쇼크라는 것이 닥치면서 일거에 석유만능주의가 허물어지는 바람에 이러저러한 비판이 제기되었다. 그 결과 석유의존도를 낮추는 정책으로 나아가게 되었다.

석유에너지는 정치적으로 매우 흥미로운 에너지다. 1950년 말경부터 갑자기 일본에서도 석유의 도입이 본격화되면서 석유로의 대체가 강행되고 석탄이 괴멸되고 말았다. 그러다 보니 1973년 석유의존에 대한 위기감이 이러저러하게 더욱 부추겨졌다.

1973년에 오일쇼크가 있었는데, 그 이전부터 석유자원의 고갈이 지적되고 있었다. 그 시기에는 일반적으로 석유자원은 30년에서 40년이면 고갈될 것이라고들 했다. 이것은 그 당시의 석유소비량과 확인 매장량을 비교해서 대충 30년 정도밖에 못 간다고 예측한 것인데, 실제로는 앞당겨져서 위기가 닥쳐온다고들 했다.

게다가 1973년의 위기는 다분히 정치적으로 조작된 위기였지만, 석유위기 또는 오일패닉이라는 것과 겹쳐졌던 것이다. 그것을 원자력 추진세력 쪽에서 교묘하게 놓치지 않고 있다가 1970년대에 들어서자 원자력을 전력(電力)의 주류처럼 내세우는 움직임이 일어났던 것이다.

원자력은 전력공급의 주류가 되지 못했다

이를테면 국제원자력기구(IAEA) 같은 데서도 원자력의 예측치라는 것을 1970년대부터 계속해서 발표하고 있었다.

그림3-1은 IAEA가 2000년, 마침 내가 이 책을 쓰고 있는 2000년까지 원자력이 얼마만큼 증가할까 예측한 숫자이다. 이러한 예측은 1976년부터 시작된다. 이것은 역시 1973년경의 상황을 감안해서, IAEA로서는 이제부터 원자력의 시대가 왔다는 것을 선전하기 위해서 갖가지 예측을 한 것 중의 하나이다.

2000년 전세계의 원자력발전 설비용량은 1976년의 예측에서 보면 약 23억킬로와트이다. 그러나 1978년, 1980년, 1985년 해가 달

그림3-1 IAEA에 의한 원전 설비용량 예측

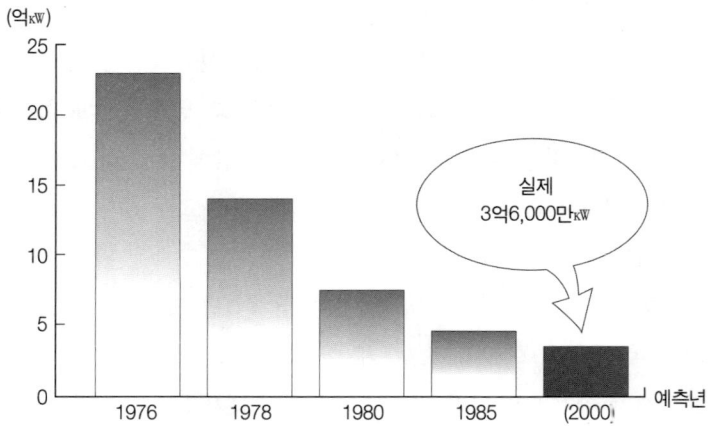

라질수록 2000년에 대한 예측치는 자꾸만 낮게 수정되고 있다. 1978년에 약 14억킬로와트로 반으로 줄었고 1980년에는 7억킬로와트로 다시 반이 줄더니 1985년에는 5억킬로와트 정도로 줄어들었다. 마침내 2000년이 닥쳐오고 말았는데, 실제 설비용량은 3억 6,000만킬로와트이니까 최초의 예측과 비교하면 1/6 이하밖에 안 된다. 원자력발전으로 전력의 안정적 공급이 가능하고 석유위기를 극복할 수 있다고 떠들어대던 오일쇼크가 지난 후 사반세기 동안 원자력발전 설비용량은 그들이 예측한 것의 1/6 정도밖에 증가하지 않았다. 이것만 보아도 원자력은 당초 기대한 만큼 증가하지 않았다고 할 수 있다. 따라서 원자력은 전력생산의 세계적 흐름을 이루지 못했고, 세계 전력생산의 안정공급에도 공헌하지 못했다고 할 수 있다.

수적으로 원자력은 지금 세계 전체 1차에너지[13] 수요에서 6~7퍼센트 정도에 불과하다. IAEA가 1976년에 예측했던 대로 원자력이 세계적으로 23억~24억킬로와트라는 설비용량을 차지했더라면 확실히 원자력은 세계 전력의 주류가 되었을 것이다.

일본은 원자력을 강하게 추진하는 나라이기 때문에 원자력에 대한 의존도가 높은 것은 물론이다. 그러나 원자력에 의해서 일본의 전력공급이 안정되었는가 하면, 사실은 그렇지 않다는 것을 숫자

---

13) 석유·석탄 등 에너지의 전환이나 가공을 하기 전의 자연에너지 자원을 이른다. 풍력이나 수력, 태양광 등의 자연에너지나 원자력도 1차에너지로 분류된다. 이에 비해서 전력이나 가솔린 등 1차에너지를 이용해서 전환하거나 가공한 것을 2차에너지라고 한다.

그림3-2 일본의 1차에너지 공급량에서 차지하는 각종 에너지원의 비율

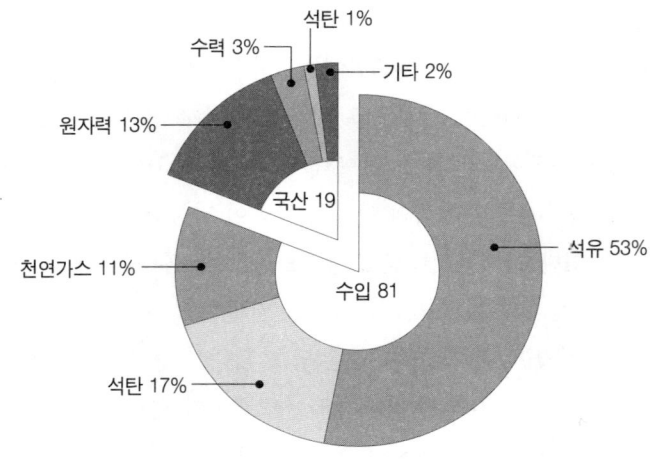

출전 : 〈종합에너지 통계〉1998년판
※ 원자력은 그 특성상 준국산에너지로 취급된다.

가 보여준다. 그림3-2는 1997년 현재, 일본의 1차에너지를 이루는 각종 에너지원의 비율이다. 그래프를 보면 알 수 있지만 현재도 주류는 50퍼센트 이상을 차지하는 석유이고 그 다음이 17퍼센트를 차지하는 석탄이다. 석탄과 석유를 합쳐서 70퍼센트를 차지하는데, 이것은 화석연료가 고갈된다거나 지구온난화 때문에 화석연료는 좋지 않다고 하면서도 결국 현대사회는 석유나 석탄에 의존하지 않을 수 없다는 것을 잘 보여준다. 여기다가 천연가스를 포함하면 80퍼센트 이상이 화석연료인 것이다. 원자력은 1차에너지의 13퍼센트를 차지하는 데 불과하다. 그러니까 일본은 거의 포화상태가 될 때까지 원자력을 도입했는데도 전체 에너지의 10퍼센트를

조금 넘는 정도로밖에는 원자력의존도를 높이지 못했다고 할 수 있다.

따라서 진짜 석유위기가 존재했었거나 1970년대에 말한 대로 앞으로 30년 내에 석유가 고갈되었다면 지금은 석유가 없어야 한다. 그리고 원자력은 최고의 능력을 발휘했는데도 10퍼센트쯤이었으니까, 그동안 에너지정책은 붕괴되었다고 생각한다.

편리한 석유와 융통성 없는 원자력

석유가 "30년이면 고갈된다"고 한 것은 처음부터 다분히 정치적인 말이었다. 관계자는 어쩌면 처음부터 알고 있었겠지만, 다행히도 실제로 그렇게는 되지 않았고 지금도 석유석탄의 시대가 계속되고 있다. 특히 우리가 살아가는 현대사회에서 석유는 지구온난화문제가 있지만 역시 대단히 편리한 에너지원이라는 것은 틀림없다.

석유는 송유관으로 어디까지나 가져갈 수 있고 또 탱크로 대량 수송할 수도 있다. 게다가 석유는 가솔린, 경유, 중유, 나프타 등 여러가지 성분으로 나눌 수 있기 때문에 용도에 따라서 발전(發電), 공업용, 자동차연료, 화학섬유생산 등 아주 다양하게 쓰인다. 그래서 뒤집어서 말하면 현대사회의 제반 기술의 발전은 바로 석유를 기반으로 이루어진다. 우리는 석유문명을 기반으로 살아가고 있는 것이다. 이것은 이제 쉽게 바꾸지 못하게 되었다.

따라서 많은 힘을 모아서 원자력을 도입했지만 원자력이 그 모습을 바꾼 것은 전력의 일부분뿐이고, 현재 원자력발전이 전력에서 차지하는 비율은 실제의 발전량으로 계산하면 30몇퍼센트 정도다. 이것은 일본 전체의 평균치이며 도쿄전력이나 간사이(關西)전력 등 꽤 많은 원자력발전소를 소유하는 지역에서는 원자력에 대한 의존도가 40퍼센트를 넘는다. 그러나 그렇다고 해도 40퍼센트 대이지 50퍼센트 이상을 원자력이 차지한다는 것은 현실적으로 생각할 수 없다.

그것은 원자력발전이 갖는 원리적 문제 때문인데, 원자력발전소는 일단 가동되면 같은 출력으로 정상운전할 수밖에 없다. 예를 들면 100만킬로와트의 표준급 원자력발전소를 가동시킬 때는 100만킬로와트로 가동하는 것이 제일 안전하기 때문에 낮이든 밤이든 원자력발전소는 계속해서 100만킬로와트의 동일한 속도로 가동되는 것이다. 그렇게 연속가동하다가 정기검사를 받기 위해서 1년에 2개월 정도 일정 기간 정지시키는 방법을 쓴다. 이렇게 1년 정도의 연속가동 중에 낮에는 전력수요가 많으니까 100만킬로와트로 운전하고 밤에는 전력수요가 적어서 30만킬로와트만 운전할 수 있어야 하는데, 앞에서 말한 대로 그렇게 할 수가 없다. 즉 출력을 조정해야 하지만 위험해서 할 수 없는 것이다. 그렇기 때문에 전체 전력에서 원자력이 차지하는 비율을 높일 수 없다. 그 비율을 높인다 해도 출력 조정이 안되니까 전력이 남게 되는데, 이를테면 밤이나, 연중 전력수요가 가장 높은 한여름 이외의 시기에는 늘 전력이 남아돌게 마련이다. 현재도 전력수요가 많은 지역에는 이런 경향이 있다. 그래서 양수발전소라는 것을 만들었으며 원자력발전에서 남는 전력으로 밤이 되면 양수발전소를 돌리고 있다. 남는 전력으로 물을 낮은 데서 높은 데로 끌어올렸다가 낮 동안 전력수요가 많은 시간에 그 물을 떨어뜨려서 수력발전을 하는 것이다. 그래서 현재 수력발전소가 된 양수발전소 중에는 원자력발전소와 한쌍으로 된 발전소가 아주 많아졌다.

이와 같이 원자력이라는 것은 생각보다 융통성이 없다. 그저 간신히 전력의 절반 정도를 원자력으로 대체할 수 있다. 전력 그 자체가 전체 에너지의 40퍼센트 정도이므로, 50퍼센트×40퍼센트=20퍼센트가 원자력이 차지하는 에너지의 최대치이다.

앞으로 점점 탈(脫)석유화가 진행될 모양인데, 천연가스와 장기적으로는 바이오매스[14]와 같은 재생가능한 에너지원, 태양에너지, 풍력 그리고 다양한 형태의 수소 이용, 최근 각광받고 있는 연료전지 등이 석유를 대체하여 중심적 에너지원이 되는 방향으로 나아가게 될 것이다. 그에 반해 원자력은 지금 수준 이상으로 발전할 수 없다는 것은 앞서의 숫자에서도 확실하게 알 수 있다.

왜 원자력의존도가 높아졌는가

그러면 지금까지 살펴본 것과 같이, 일본의 원자력은 도대체 왜 그토록 강력하게 추진된 것일까. 전력의 안정적인 공급을 위해서라고 늘 말해졌었다. 나는 이것으로 석유위기가 극복됐다고 보지 않지만, 현재로서 확실히 52기의 원자력발전소가 도입되었고 4,500만킬로와트의 설비용량을 가지고 있다. 실제로 전력의 30몇

---

14) 생물을 기원(起源)으로 하는 에너지자원의 총칭. 나무 부스러기, 간벌재 등의 목질 바이오매스, 보릿짚, 가축의 분뇨 등을 발효시킨 바이오가스 등이 있다.

퍼센트를 원자력이 차지하고 있기 때문에, 적어도 이 부분에서 원자력을 무시할 수는 없을지도 모른다. 그러나 모두들 생각하고 있는 만큼 원자력이 전력의 안정공급에 크게 기여했다고 할 수 없다. 원자력이 없으면 세상이 캄캄해진다고 떠들어대는 정부나 전력회사의 선전이 과거에 있었지만 그런 정도는 아니다.

그보다 전력에서 원자력의존도가 높아진 것은 그 '어떤 일'의 결과라고 나는 단언하고 싶다. 석유위기 때 유력한 에너지원으로 원자력이 구세주가 됐다는 얘기가 아니라, '정치적인 석유위기를 극복하기 위한 원자력'이라는 것을 정부는 유력한 표어나 또는 신화로 삼았다는 것이다. 많은 사람들이 그 신화를 믿은 결과 원자력을 일관되게 정책적으로 도입했고 원자력의존도는 높아졌던 것이다.

1973년 오일쇼크 당시에 에너지개발이 다양하게 추진되었더라면, 더더욱 일찍 풍력이나 태양에너지 그리고 지금 화제가 되고 있는 연료전지나 그와 관련된 수소 이용 등이 가능해졌을지도 모른다. 또는 천연가스로 전환하는 것도 이루어졌을 것이고, 지금 현안이 되고 있는 시베리아에서 파이프라인을 통해서 일본으로 천연가스를 도입하는 것도 빠른 시기에 손을 썼더라면 틀림없이 많이 진척되었으리라고 생각한다. 그랬더라면 위험성이 큰 원자력에 이처럼 의존하지 않아도 되었을 것이다. 비록 전체 전력의 30몇퍼센트이기는 하지만, 어쨌든 원자력의존형으로 나아가게 된 것은 강력한 정책의 결과이지 원자력의 우수성 때문이 아니다. 이것이 바로 신화의 결과라고 생각한다.

일본 원자력정책의 시발점인 '도카이 제1' 원전은, 경제성을 무시한 채 일본원자력발전회사(각 전력회사가 모여서 만든 국책회사)가 영국에서 도입해서 1966년에 세운 것이다. 앞에서 나카소네 씨가 일본의 원자력에 미친 영향과 역할을 소개했는데, 도카이 제1은 그런 사람들의 생각과 관련된 가스냉각로[15]라는 특수한 원자로다. 실제로 그 후 일본 원자력산업이 진행되면서는 비등수형과 가압수형이라는 이른바 경수로라는 원자로를 미국으로부터 도입하게 되었다. 운전 개시 연차에서 보면 1969년에서 1996년경까지 26년쯤 되는 사이에 51기의 원자로가 도입되었다. 그러니까 거의 해마다 2기씩 정도가 도입되었다는 것을 알 수 있다.

1996년 이후부터 일본의 원전 도입이 끝나고 새로운 원전은 거의 만들어지지 않았다. 결국 일본의 원자력정책은 에너지정책이라기보다는 산업정책이었으며, 이것은 원자력산업을 안정적으로 육성하기 위해서 1년에 대체로 2기의 원자로를 증설해서 가동시킨다는 계획이었음을 알 수 있다. 이에 대한 준비기간이 1960년대였고, 1970년대부터는 준비된 원자력발전소가 운전을 시작했다고 할 수 있다.

미쓰비시·도시바·히타치를 위한 원자력

아주 간추려서 얘기하면 비등수형 하나, 가압수형 하나 하는 식으로 해마다 형식이 다른 두개의 원자로를 건설한 것이 일본 원전

---

[15] 중성자의 감속재로 흑연을 쓴다. 원자로에서 열을 운반하는 냉각제로 탄산가스를, 그리고 연료는 천연 우라늄을 쓰는 원자로. 우라늄 농축을 하지 않았기 때문에 유망한 원자로라고 했다.

의 역사다. 말하자면 원자력정책에 입각해서 원전을 원자력산업 측에 발주했다고 할 수 있다. 이것이 석유위기를 극복하기 위해서 원자력을 도입했다는 신화보다 오히려 사실에 가깝다고 할 수 있다.

그래서 가압수형은 미쓰비시중공업이 미국의 웨스팅하우스(WH)사로부터 도입해서 당초에는 WH사가 주계약사였다가 차츰 미쓰비시로 이행하여 현재에는 미쓰비시가 주계약사가 되어 시장을 독점하고 있다. 비등수형은 미국의 제너럴일렉트릭(GE)사가 개발한 것인데, 일본에서는 도시바·미쓰이그룹과 도쿄 원자력그룹이라는 히타치계가 도입하고 있다.

실제로 구체적인 숫자를 보면 일본의 51기 원자로 중에서 비등수형이 28기, 가압수형이 23기로 비등수형이 다소 많다. 세계 각국의 원자로 수를 살펴보면 비등수형이 가압수형보다 많은 경우는 드물고, 이른바 선진국 중에서는 일본만이 그렇다고 생각한다. 미국에서는 GE사가 큰 힘을 가지고 있으니까 비등수형도 많이 만들었는데도 비율로 보면 가압수형이 많다. 유럽에서도 대개 가압수형이 주류를 이룬다.

일본에서 비등수형이 많은 것은, 가압수형을 WH사에서 도입한 미쓰비시가 독점하고 있는 데 비해서 비등수형은 GE사에서 도입한 도시바와 히타치가 경합했기 때문인 것 같다. 이렇게 양사에 나누어 주게 되었기 때문에 비등수형이 많아졌다고 생각한다. 미쓰비시, 도시바, 히타치가 매년 회사의 원자력부문의 규모를 유지할 수 있는 형태로 시장을 서로 나누어 가졌다고 할 수 있다. 그렇게 사업을 추진시켜온 것이 일본의 원자력정책이고 또 에너지정책이 아니었을까 생각한다. 또 이것이 바로 신화의 가면을 벗겨내고 보았을 때 보이는 진실이다.

앞에서도 말했지만 1996년 이후에는 원자로를 거의 세울 수 없게 되었다. 그러면 이제까지의 정책이 붕괴되고 일본의 원자력산업은 어떻게 되느냐고 의문을 갖게 될지도 모른다. 결론부터 말하면, 그것은 확실히 사양길에 있다고 할 수 있다. 그 이야기는 이 책의 마지막 장에서 자세히 다루겠다.

제4장

'원자력의 평화이용'이라는 신화

왜 '평화이용'인가

　1953년 말 아이젠하워의 연설에서 '아톰즈 포 피스'라는 말이 강조되고, 이른바 원자력의 상업적 이용과 그것을 기반으로 하는 '평화이용 시대'가 막을 열었다고 제2장에서 말한 바 있다.

　상업이용을 굳이 '평화이용'이라고 표현하여 "peaceful uses of atom" 또는 "atoms for peace" 등 '평화'라는 말을 강조했다는 것을 많은 사람들은 당연하다고 할지도 모른다. 그러나 사실 이러한 것은 다른 기술의 경우에는 흔하지 않다.

　보통 우리가 기술에 관해서 말할 때 평화이용이니 군사이용이니 하지 않는다. 예를 들어 에너지원을 말할 때, 석유나 석탄이나 천연가스를 '평화를 위한 석유'나 '평화를 위한 석탄'이라고 구별하지 않으며 또 구별할 수도 없다. 강철기술이나 비행기기술도 마찬가지다. 특별히 비행기기술을 평화이용이니 군사이용이니 하고 구별하는 일은 없다.

그런데 원자력의 경우에는 새삼스럽게 평화이용을 강조하지 않을 수 없었다. 군사이용과 엄연히 구별해서 평화이용이라고 하면서까지 그 어떤 신화로서 선전하지 않으면 안될 이유가 있었던 것이다.

원자력은 처음부터 군사이용, 즉 원자탄개발을 위해서 시작되었기 때문에 처음부터 군사적 성격을 띤다. 그래서 많은 사람들은 원자력 하면 원자탄이나 핵무기와 결부시켜서 생각한다. 따라서 그러한 연결고리를 끊지 않고서는 상업이용이 불가능할 것이므로 그 연결고리를 끊을 필요가 있다는 것을 새삼 강조하였는데, 그것이 바로 '아톰즈 포 피스'에 담겨진 의도였던 것이다.

그러니까 실제의 시스템이 되는 것은 훨씬 지나서지만, 당초부터 이미 오늘의 핵확산방지조약 같은 것을 전제로 해서 그 어떤 시스템을 만들었고, 한편에서는 핵무기를 미국과 소련 이외에는 확산시키지 않고 그 두나라에서만 관리하자는 생각이 있었던 것이다. 여기에는 핵 확산을 방지하고 동시에 미·소 두나라가 전후 세계를 양분해서 통제하자는 정치적 야심도 작용한 것이 아닌가 생각한다. 통제를 당하는 대가로, 핵무기로 이어지지 않는 범위 내의 원자력기술 도입이나 이용을 기타 국가들에게 용인하기로 하고 1953년 12월 아이젠하워의 유엔 연설 '아톰즈 포 피스'가 행해졌다고 볼 수 있다.

핵확산방지조약의 본질

그러한 흐름 속에서 국제원자력기구(IAEA)가 만들어졌고, IAEA에 의해서 원자력의 확산이 관리되기에 이르렀다. 실제로 핵확산방지조약(NPT)은 오랜 협상 결과 만들어졌는데, 그것이 발효된 것이 1970년이므로 상당히 많은 시간이 걸렸다고 할 수 있다. 핵기술이 상업적으로 이용되어 세계적으로 확산된다고 하더라도 핵무기가 확산되지는 않을 것이며, 군사이용과는 다른 차원에서 '평화이용'이라는 것이 존재한다는 것을 선언한 셈이다. 내 생각에는 이것도 하나의 신화일 뿐이다. 이러한 신화화는 미국과 소련 그리고 그 뒤를 이어 핵무기개발에 나선 나라들의 이해와도 부합했다. 1970년 NPT가 발효되기 전, 미국과 소련만이 아니라 영국이 미국과 합작으로 핵무기개발에 성공했다. 이 3개국뿐만 아니라 나중에는 이른바 군사대국들이 하나하나 꼬리를 물고 독자적인 핵무기개발에 나서게 되었다.

프랑스는 최초의 핵실험을 1960년에, 중국은 1964년에 했는데 이렇게 해서 1970년대 말까지 소위 제2차 세계대전의 전승국인 미국·소련·영국·프랑스·중국의 5대국이 순차적으로 핵무기를 소유하게 되어 이른바 핵 보유체제가 완성된다. 1970년에 발효된 NPT체제란 이러한 5대국을 핵 보유국으로 인정하고 그 밖의 국가에는 핵무기 보유를 확대하지 않는다는 것을 목적으로 한 체제였다. 한마디로 핵무기 보유 금지조약이 아니라 어디까지나 핵무기 확산방지를 위한 조약이었던 것이다. 단적으로 말해 이것은, 5대국은 핵무기를 가져도 좋지만 그 밖의 나라는 가질 수 없다는 의

미인 것이다. 핵기술을 갖는 나라는 그 대가로 NPT에 참가한 나라들로부터 사찰을 받으면서 군사적으로 전용하지 않겠다는 것을 조건으로 핵기술의 이전을 인정한다는 형식을 취한 것이다. NPT에는 이제까지 187개 나라가 가맹했지만, 아직도 가맹하지 않은 나라가 있으며 새로 가입하는 과정에서도 이러저러한 저항이 있었다. 그것은 미국을 비롯한 5개국만이 핵을 독점한다는 것이 문제가 있을 뿐만 아니라 대단히 불평등하다고 생각하는 나라가 많기 때문이다.

그것이 불평등하다는 생각에는 "우리도 핵을 갖게 해달라"는 요구도 있었지만, 5개국도 핵무기를 폐기해야 하지 않느냐는 논의도 포함되어 있었다. 실제로 NPT에는 5개국도 핵의 감축을 위해서 노력한다는 나름대로의 목표가 들어있다. 또한 그 후의 국제적인 반핵·비핵 평화운동의 영향을 받아 핵실험 금지조약이나 미·소 간에 핵무기 감축 교섭이 어느 정도 이루어지면서, 핵무기 보유는 정점에 달했던 시점에 비해 많이 줄어들었다. 이것은 그 후의 세계 정세, 즉 미·소 의 냉전구조가 붕괴되는 세계정세에 따른 것으로 볼 수 있다. 그러나 미국이나 소련, 그 외 핵무기 보유국들이 진정으로 핵군축에 대한 의지가 있었는지는, 예컨대 미임계(未臨界) 핵실험에 대한 미국의 집착 등을 보면 의문으로 남는다. 그러나 어쨌든 국제정세와 여론에 의해 핵군축이 진전된 것은 사실이다.

그런데 원자력의 '평화이용'이 확실히 실행되고 있는가 하면, 그것은 그렇지 않다. 나는 오히려 '평화이용' 신화 따위에 의존해서는 안되는 위기적 상황이 계속해서 존재한다고 처음부터 생각하고 있다.

인도 핵실험 '미소짓는 부처님'이 준 충격

이 생각에 무엇보다도 결정적인 계기가 된 것은 1974년 5월에 실시된 인도의 핵실험이었다. 인도는 연구용 원자력시설(주로 캐나다에서 도입한 사이러스 원자로)을 이용해 플루토늄을 만들었으며 그것을 재처리해서 플루토늄을 추출하고 그 플루토늄으로 1974년 5월 18일, 핵실험에 성공했던 것이다. 이때 인도정부가 '미소짓는 부처님'이라는 암호로 실험성공을 현지에서 정부로 전한 것은 유명하다.

여담이지만 이러한 때에는 반드시 '부처'니 '신'이니 하는 말이 나온다. 일본에서도 플루토늄을 다루는 고속증식로의 이름이 '문수보살'이었고 플루토늄을 만드는 신형 전환로에는 '보현보살'이라는 이름을 붙였다. 세계 최고의 고속증식로이며 동시에 세계 최대의 실패작이었던 프랑스의 '슈퍼피닉스'는 이집트 신화에 나오는 불사조에서 그 이름을 땄다. 왜 그런지 모두 신화나 신불(神佛) 등에 의존하고 있다. 이 자체가 신화화 또는 신성화하려는 의도를 담고 있는 것으로 보여 사뭇 흥미롭다.

어쨌든 1974년 인도의 핵실험은 이른바 평화이용을 위한 시설, 그것도 완전한 연구시설에서 핵폭발장치를 만들어 실험을 한 것이다. 이로 인해 특히 미국이 엄청난 충격을 받은 것 같다. 더구나 캐나다로부터 기술이 유출되었기 때문에 미국은 여기에 관여하지 않은 것으로 생각했었는데 자세히 조사해보니 미국이 인도에 제공한 중수[16]가 이용되었던 것이다. 이렇게 중수가 사이러스 원자로의 냉각수로 이용되었다는 사실이 알려지자, 실제로 미국도 인도의 핵실험에 가담했었다는 데서 이중의 충격을 받았던 것이다.

인도는 NPT 가맹국이 아니었기 때문에 인도의 핵실험이 NPT에 위배된다는 말은 성립하지 않지만, 아무튼 이 사건은 NPT가 얼마나 엉성한 체제인가를 분명히 보여주었다. 아울러, 미국이 말하는 바 '핵에 대한 통제'로 핵을 평화적 이용에 한정할 수 있다는 생각이, 사실은 단순한 신화에 불과하다는 것도 밝혀졌다. 기술적으로 볼 때 원자력기술과 핵무기기술은 문자 그대로 동전의 앞뒤와 같기 때문에 정치적 의지 여하에 따라서 어느 쪽으로든 전환될 수 있다는 것을 미국은 알게 된 것이다.

그 후 미국은 카터 정권이 들어선 1970년대 후반 무렵부터 핵확산에 대해서 엄격하게 되었다. 핵확산의 열쇠가 되는 것은 원자력발전에서 나오는 플루토늄이므로, 이것의 확산을 규제한다는 의미에서 미국 자신의 플루토늄계획을 차츰 축소해서 거의 없애버렸다. 그러는 한편 다른 나라에 대해서도 플루토늄의 관리를 대단히 엄격하게 요구하게 되었다. 북한과 미국 간에 아직까지 교섭이 계속되고 있는 북한의 플루토늄 생산문제도 이와 관련이 있다. 요컨대 원자력기술과 핵무기기술은 쉽게 나눌 수가 없는 것이다.

기술적으로 규정할 수 없는 핵의 평화이용

이 책 처음에서 말한 바와 같이, 원자력기술은 그 역사를 보거나 기술의 실태를 보거나 본질적으로 극히 파괴적인 성격을 갖고 있

---

16) 물의 수소원자가 질량수 2의 중수소로 치환된 물을 말한다. 보통 물보다 분자량이 크다.

다. 기술적으로 볼 때 군사용으로 쓸 수 없는 원자력기술과, 군사용으로만 쓸 수 있는 원자력기술로 나눌 수가 없다. 원자력기술의 이러한 성격을 분명히 짚고 넘어가야 할 필요가 있다.

이러한 사실은 국제적으로 이미 확인된 바 있다. 가령 핵확산을 염려한 카터 대통령의 제창으로 1977년부터 80년까지 '국제 핵연료사이클 평가(INFCE)'가 이루어진 적이 있다. 이것은 핵확산으로 이어지지 않는 핵연료사이클 기술에 대한 국제적 합의를 얻어내기 위해 마련된 것이었다. 요컨대 원자력을 사용해도 핵확산으로 이어지지 않는 기술을 확립해서 서로 확인하자는 것이다. 그런데 실제로 이 '평가'를 거친 결과 그렇게 이쪽저쪽 모두 좋은 얘기는 없다는 것을 알게 되었다.

여러 나라의 전문가들이 2년4개월 남짓 논의를 계속했지만 결론적으로, 핵무기로 연결되지 않는 핵기술에 관한 확실한 합의를 얻지 못한 채 끝나고 말았다. 그리고 최종 성명에서는 "핵확산은 첫째가 정치적인 문제"라고 말하고 있다. 다시 말해 이것은 핵확산의 문제가 기술적인 문제가 아니라는 말이다. 즉 핵의 평화이용은 기술적으로 규정할 수 없고, 정치적으로밖에 규제할 수 없기 때문에 '평화적인 원자력기술'을 당연한 전제로 삼는 것은 불가능하다는 의미이다.

역사적으로 보면 인도가 1974년에 핵실험을 했지만, 이스라엘은 그보다 빠른 1960년대(1965년경부터라고 추정된다)에 이미 프랑스에서 도입한 디모나 원자로를 이용해 플루토늄을 만들고, 비밀리에 만든 지하 핵무기공장의 재처리시설에서 그것을 재처리하여 플루토늄을 추출하는 작업을 하고 있었다. 실제로 핵무기를 제조한 것이 1960년대 말에서 1970년대에 걸쳐서인지는 모르지만, 어쨌든 이스라엘도 지금 핵무기를 보유하고 있다. 이스라엘 역시 NPT 가맹국이 아니기 때문에 NPT의 사찰 대상이 되지 않은 채 그냥 넘어갔다.

게다가 인도의 핵실험이나 최근 이라크나 북한의 핵무기 제조에 대해서 대단히 민감한 미국도 이스라엘에 대해서는 어째서인지 거의 침묵을 지키고 그 동향만 살피고 있다. 현재 이스라엘도 100발 전후의 핵탄두를 보유하고 있다는 말이 있을 정도니, 대단한 핵 보유국이라 할 수 있다. 이스라엘도 프랑스에서 '평화이용' 기술이라면서 도입한 원자로를 이용했으며, 기본적으로 이스라엘의 기술은 프랑스의 기술이라고들 말한다.

이스라엘이 1960년대 말에, 인도가 1970년대에 들어 핵무기를 보유한 데 이어, 1980년에는 남아프리카공화국도 핵무기 보유계획을 세웠으며 실제로 핵무기를 갖고 있다는 것이 1990년대에 들어와 밝혀졌다. 남아프리카의 핵무기 보유 사실은, 그에 상응하는 핵실험 흔적이 있는가에 관한 논란 등 정확한 사실 여부가 확인되지 않아 오랫동안 의심받아왔다. 1990년대에 들어와서 남아프리카정부 스스로 그 사실을 인정하게 되어 최종적으로는 핵이 폐기되기에 이르렀지만, 남아프리카 역시 이른바 '평화이용'이라는 틀 안에서 비밀리에 핵무기개발을 추진했던 것이다.

1990년대에 들어와서 또한번 충격을 준 것은 인도가 핵미사일 실험을 반공개로 진행한 것이다. 앞에서도 말했지만 인도는 1970

년대에 이미 '미소짓는 부처님'이라는 핵실험을 행한 바 있는데, 이때 인도는 이것이 핵무기 실험이 아니라 "핵폭발장치를 '평화를 위해서' 폭발"시킨 것이라고 말했다. 그런데 1998년 5월에 그들이 핵실험을 실시했을 때에는 실제로 핵폭발이 있었다고 인도 자신도 인정했으며, 충격파를 통해서였지만 여러 나라에서 핵폭발이 감지되었다.

심각한 아시아의 핵 상황

더욱더 큰 충격은, 인도의 핵실험에 대항하여 파키스탄에서도 핵실험이 이어졌다는 것이다. 그것도 많은 사람이 예상했던 것보다 훨씬 큰 규모로 강행되었다. 인도가 핵무기를 갖고 있다는 것은 전부터 의심받고 있었지만 파키스탄이 핵무기를 보유하고 있다는 것은 꽤 많은 사람들이 의문시하고 있었다. 분쟁이 일어나면 인도와 파키스탄 양국이 서로 핵무기를 쏘아댈 수 있는 미사일시스템을 갖추고 있다는 점이 분명해지자 전세계는 큰 충격을 받았다.

인도의 표적은 파키스탄이 아니라 오히려 중국이 아닌가 하는 말이 있었으며 실제로 인도는 중국까지 핵무기를 날릴 수 있는 미사일기술을 갖고 있다는 말도 있었다. 중국·인도·파키스탄 등 동아시아와 남아시아 일대의 핵 상황은 우리의 생각보다 이미 더 심각하고 우려스러운 것이 되었다.

미·영·중·불·소 5개국은 별도로 치더라도, 무기 개발을 내세우지 않고 '원자력 연구'나 '상업이용'을 내세워 비교적 소규모로 원자력개발을 했던 나라들이 이처럼 핵무기 보유국들로 되고 있다. 1960년대 이스라엘, 70년대 인도, 80년대 남아프리카, 90년대 파키스탄 등이 그러하듯이, 핵무기 보유국은 꾸준히 증가하고 있는 것이다. 게다가 원자력기술 수준이 높아져서 잠재적인 능력을 갖게 된 나라는 더욱 늘고 있는 것이 아닌가 추측된다. 특히 이제부터 아시아가 원자력 시장으로 비상한 발전을 하는 데다가 이러저러한 긴장상태에 있는 나라가 많기 때문에, 21세기에 들어서면 아시아에서 인도나 파키스탄에 대항해 핵을 보유하는 국가가 더욱 늘지 않을까 우려된다. 북한 등도 그러한 국가 중의 하나라고 할 수 있다.

아시아뿐 아니라, 세계에는 분쟁 요소를 갖고 있는 나라가 많다. 그리고 원자력기술은 점차적으로 널리 확산되는 추세다. 나는 원자력이 앞으로 더욱 많은 나라, 특히 지금까지 원자력을 사용하지 않던 나라들, 그중에서도 군사적 색채가 강한 정권이 들어서 있는 동남아나 아프리카 등에까지 침투되는 데 대해서 우려한다. 그런 나라에 경제력이나 기술력의 차원이 아니더라도 파키스탄처럼 원자력의 확산에 따라서 물이 낮은 데로 흐르듯이 필연성을 가지고 핵무기가 보급되는 게 아닌가 해서 대단히 걱정스럽다.

따라서 핵확산이라는 위험성을 단절하기 위해서는 원자력의존에서 벗어나야 하고 핵기술의 세계적 확산을 방지해야 한다고 생각한다. 핵무기와 단절할 수 없는 기술에 에너지의 주류를 의존해야 하는 정책을 세워서는 안된다는 것이 나의 오랜 주장이다. 지금까지 얘기한 역사를 보아도 알 수 있지만, 원자력의 '평화이용'이라는 신화가 이제는 사실상 거의 붕괴되었다.

일본의 플루토늄으로 원자탄은 만들 수 없다?

이러한 상황에다가, 나를 더욱 두렵게 하는 것이 바로 '아톰즈 포 피스'의 일본형 각본이다. 일본은 플루토늄 계획이라는 거대한 계획을 가지고 있는데도 "일본의 플루토늄으로 원자탄을 만들 수 없다"는, 말하자면 일본에서 만든 신화가 있다.

파키스탄의 핵무기는 우라늄원자탄이라고 생각되는데, 인도나 이스라엘의 것은 플루토늄을 이용한 핵무기라고 생각된다. 이러한 핵무기에는 분열성 플루토늄239라는 주성분이 90~93퍼센트 정도의 고농도로 포함되어 있다. 그래서 이 플루토늄을 '핵무기급 플루토늄'이라고 한다.

이에 비해 일본의 원자력계획에서 생산하는 플루토늄은 플루토늄239, 241의 농도가 60~70퍼센트 정도이다. 이러한 것을 '원자로급 플루토늄'이라고 하는데, 이것으로는 핵무기가 안된다는 얘기가 일본에 퍼져있다. 그러한 말을 국제적인 장(場)에서 경험을 쌓은 핵문제 전문가이며 유엔대사를 지낸 이마이 류키치(今井隆吉) 씨 등이 여기저기서 지껄이고 다녔다. 일본의 전력회사 팸플릿이나 일본정부의 잡지 등에서도 원자로급 플루토늄은 핵무기가 안되니까 걱정할 것 없다 등의 얘기가 많이 실려있다.

평이 나빴던 일본의 플루토늄 이용계획을 선전하는 비디오 〈플루토군〉을 동연사업단(動然事業團)이 제작했는데, 거기서도 일본의 플루토늄은 평화이용에만 쓸 수 있고 원자탄은 만들 수 없다고 했다. 이러한 얘기는 세계적 차원에서 보면 아주 부끄러운 것이다. 사실과 어긋날 뿐만 아니라 세계적으로 통용되지도 않는 이러한 논리를 믿는다는 것은 그야말로 비과학적이다. 일본에서는 그러한 얘기가 통용되느냐는 질문을 나는 여러 국제회의에서 늘 받았다.

1990년대에 미국에서 공표된 비밀자료를 보면 미국에서는 1962년에 계획적으로 이러한 원자로급 플루토늄으로 만든 핵무기를 실험했으며 더구나 실험에 성공했다고 한다. 다소 플루토늄의 순도가 낮고 조성(組成)이 다르기는 해도 원자로에서 추출한 플루토늄을 가지고 핵무기를 충분히 만들 수 있다는 사실을 확인했다는 얘기다. 그래서 몇몇 국가의 주요한 인사들이 모인 자리에서 미국의 고위관리가 플루토늄 확산을 주의해야 한다고 연설했다는 사실도 함께 밝혀졌다. 그때의 자료가 요즘 공개되었는데, 자료에 의하면 이마이 류키치 당시 대사도 초청되어 그 연설을 들었다고 한다.

그러니까 이마이 씨는 미국정부로부터 일본대표로 초청되었고 그러한 설명을 들었는데도 사실과 전혀 다른 얘기를 일본에서 선전했던 것이다. 이마이 씨는 '원자력의 평화이용' 신화의 일본판을 창조한 사람 중 한명이라고 보지 않을 수 없다.

대단히 위험한 일본의 입장

플루토늄의 평화이용에 관해서 비교적 최근에 나온 논문이 있다. 1997년 6월 IAEA가 개최한 국제회의에서 미국의 핵문제 전문가 매튜 번이 제출한 논문이다. 매튜 번은 하버드대학 연구원인데 그는 비교적 최근에 기밀이 해제된 자료를 상당히 자세하게 검토하고, 지금까지 없었던 정밀성을 갖고 이 문제를 조사했다고 했다. 미국의 핵무기용 플루토늄의 처분방법에 대해서 검토한 미국 과학아카데미의 보고서가 있는데 그는 여기서 좌장(座長)을 맡았던 것이다. 이 논문은 그러한 입장에서 쓰여졌다. 다음의 글은 실은 우리가 1997년에 발표한 〈MOX 종합평가 국제연구브고서〉(일본에서는 98년)에서 따온 것이다.

고도의 기술을 가지지 않은 확산자가 원자로급 플루토늄을 써서 1킬로톤 또는 그 이상의 신뢰할 수 있는 위력(히로시마 원자탄의 1/3에서 1/2의 파괴 반경)을 갖는 조제 핵폭탄을 만들 때, 핵무기급 플루토늄을 이용해서 원자탄을 만드는 데 필요한 기술 이상의 기술을 필요로 하지 않는다. (…) 그리고 미국이나 러시아와 같은 주요한 핵무기 국가는 마음만 먹으면 원자로급 플루토늄을 이용해서 위력이나 무게 등 신뢰할 수 있는 차원에서 핵무기급 플루토늄으로 만든 핵무기와 같은 것을 만들 수 있다. 지난날 그러한 선택을 하지 않은 것은 편의상의 문제와 노동자와 군인의 피폭을 피하려는 생각에서이지 문제가 어려워서가 아니다. (…) 사실 이런 문제를 상세하게 검토한 어떤 러시아의 핵무기 설계자는 DOE(미국 에너지부)가 기밀해제한 정보에 대해서 비판했다. 실제로는 고도의 기술을 갖지 못한 핵 확산자가 원자로급 플루토늄을 이용해서 핵무기를 만드는 편이 어느 면에서는 더 간단하다(중성자 발생장치가 필요없으니까)고 말했다.

이러한 생각이 국제적으로 IAEA의 회의 등에서 당당하게 논의되었고 미국정부의 공식견해가 되어있다. 따라서 일본이 현재 원자로급 플루토늄을 대단히 많이 보유하게 된 상황은 다른 나라에서 볼 때, 벌써 일본이 군사이용과 거의 구별할 수 없는 위험한 다리를 건너고 있는 것처럼 보일 것이다.(잉여 플루토늄 문제에 관해서는 제11장을 참조할 것)

물론 일본이 지금 원자력을 이용하면서 그것을 핵무기로 쓰려고 어떤 계획을 하고 있다는 증거는 전혀 없으며 나 자신도 그렇게는 생각하지 않는다. 그러나 그것과, 객관적으로 기술개발이 어떠한 위치에 있는지는 전혀 별개인 것이다.

일본의 기술 수준은 아시아의 군사적 위협

일본처럼 거대한 규모로 원자력을 개발하고 게다가 재처리까지 해서 플루토늄을 대량으로 보유하고 있는 나라의 기술 수준이란 언제든지 군사적 위협이 될 수 있다. 현재도 아시아의 다른 나라에서 보면 엄청나게 큰 군사적 위협이 잠재되어 있는 것은 사실이다. 나는 중국, 북한, 한국의 정부관계자에게서 직접 그러한 우려의 목소리를 들은 일이 있다. 이와 같은 말은 NGO나 일반적 여론이기는 하지만, 전세계 여러나라 사람들에게서도 들었다.

아시아에서는 그 외에 필리핀이나 말레이시아 등의 정부관료들과도 얘기한 일이 있는데, 그들도 일본의 플루토늄에 대해 큰 우려를 표명했다. 이 역시 기술에 대한 냉정한 견해라고 생각한다. 일본정부의 정치적 의지나, 일본국민이 절대로 핵무기를 만들지 않고, 갖지 않고, 들여오지 않는다는 이른바 '평화 비핵(非核) 3원칙'에 담은 의지 여하에 관계없이 원자력계획을 추진하고 있다는 사실 자체가, 국제적으로는 군사적 핵무기개발을 의미하는 것이다.

그것은 역사적으로 밝혀진 사실이다.

'평화이용' 신화는 이제 완전히 붕괴되었다고 볼 수 있다. 그러나 그러하기 때문에 나는 오히려, 이대로 나가면 21세기에는 핵무기 보유국이 늘어나는 것이 아닌가 걱정하고 있다.

제5장
'원자력은 안전하다'는 신화

양키스타디움에 운석이 떨어질 확률

원자력에 관한 우리의 최대 관심은 "원자력은 진짜 안전한가" 하는 문제일 것이다. 책머리에서 소개한 바와 같이 JCO에서 임계사고가 일어나는 바람에 안전신화가 붕괴된 데 대해서 이러저러한 논란이 있었다. 정부는 사고조사위원회의 최종보고서에서 이렇게 말했다. "이른바 원자력의 '안전신화'나 관념적인 '절대안전'이라는 말은 이제 폐기되지 않으면 안된다."

내가 기억하는 한 정부조사위원회의 보고서에 '안전신화'라는 말이 이처럼 노골적으로 등장한 것은 이것이 처음이 아닌가 생각한다. 안전신화는 폐기되어야 한다고 보고서에서까지 언급한 상황은 확실히 주목할만하다. 단, 사고조사위원회의 이러한 말투를 생각하면 애당초에 안전신화가 있었다는 것인지, 아니면 그런 것은 없었지만 그것을 표어화하고 신화화하려는 움직임에 대해서 비판하는 것인지 도무지 확실하지 않다. 그래서 안전신화를 얘기한 주체가 도대체 누구인지 이것이 문제가 된다.

이처럼 안전신화가 존재했었는지조차 확실하지 않지만, 내가 볼 때 원자력의 안전신화는 원자력을 추진하는 마당에서 핵심적인 신화였던 것이다. 그런데 그것이 원자력의 역사와 더불어 무참하게 붕괴되고 말았다고 할 수 있다. 1970년대에서 2000년에 이르는 20세기 최후의 사반세기 동안은 실로 원자력의 안전신화가 무너지는 과정이었다. 역사적으로 특히 미국에서 경수로의 안전성에 대한 논의가 대단히 활발했던 1960년대 말에서 1970년대 초에 정부가 조직한 '원자로의 안전성 연구(RSS)'라는 게 있었다. 그리고 원자력규제위원회(NRC)가 1975년에 〈WASH-1400 보고서〉를 내놨다. 이 보고서는 당시 의장을 맡았던 교수의 이름을 따서 '라스뭇센보고서'라고도 한다. 이 보고서가 안전신화를 확립시킨 것 같다.

〈WASH-1400 보고서〉는, 이를테면 체르노빌급 대사고처럼, 원자로 내에 쌓여있던 방사능이 순간적으로 외부로 방출되어 많은 사람이 죽고 또 몇백만이라는 사람이 많든 적든 그 영향을 입는 대사고가 일어날 가능성을 확률적으로 평가하기 위해서, 막대한 비용과 시간을 소비해서 방대한 데이터를 분석한 연구라고 하겠다. 이처럼 방대한 연구의 결론은, 원자로의 거대사고가 일어날 확률은 대체로 매우 낮다는 것이었다.

보고서 작성자 라스뭇센 교수 등은 정확한 수치로 표현하지는 못하지만 원자로의 거대사고가 일어날 확률은 "양키스타디움에 운석이 떨어질 확률보다도 낮다"고 했다. 이 말은 운석이 머리에 떨어져 죽을지도 모른다고 아무도 걱정하지 않듯이, 원자로의 거대사고가 일어날 가능성은 매우 희박하므로 걱정하지 않아도 된다는 말로서, 이후 일반에 알려져 안전에 대한 보증이 되었다.

실제로는 10년에 한번꼴로 대사고가 있었다

그야말로 신화적인 비유이기는 했지만 '라스뭇센보고서'는 원자로 사고의 확률적인 해석방법으로 가치가 있는 보고서다. 그렇기는 하나 절대적인 확률을 구하는 일은 아무래도 이 보고서와 같은 방법으로는 안된다. 그 방법은 겨우 A라는 사고와 B라는 사고를 비교할 때 어느 쪽이 위험성이 큰가, A라는 시스템과 B라는 시스템을 비교했을 때 어느 쪽이 위험도가 높은가, 또는 어디에 위험이 숨어있는가 등 문제적출법이나 상대적인 비교방법으로서만 유효한 해석방법이다.

이 보고서는, 원자로의 거대사고는 당첨이냐 아니냐 하는 복권식 확률로 계산될 수 없는 것이라는 점에서 나중에 비판을 받았다. 이미 1978년에 NRC가 위탁해서 작성한 보고서인 '루이스 보고'는, 〈WASH-1400 보고서〉가 제출한 절대적 확률 부분을 집중적으로 비판함으로써, 신화가 상대화되는 일이 있었다.

그 후 안전신화는 여러가지 사실에 의해서 무너졌다. 1979년에 미국에서 TMI사고가 일어났다. 많은 사람이 사망하는 참사는 가까스로 피할 수 있었지만 노심(爐心)이 크게 붕괴되어 많은 사람들이 방사능의 영향을 입는 큰 사고가 실제로 일어났던 것이다. 이 사고 때문에, 원자로사고가 일어날 확률이 '라스뭇센보고서'의 주장만큼 낮은 것은 아니라는 것을 누구나 깨닫게 되었다. 그 후에도 미국에서는 정부관련 보고서를 포함해 여러가지 보고가 나왔지만 모두 '라스뭇센보고서'보다는 사고 가능성을 높게 보고 있다. 즉 몇백만년에 한번이 아니라 몇천년, 몇만년에 한번이라는 사고확률이 더 진실에 가까운 것으로 받아들여지게 된 것이다.

예컨대 1,000년에 한번이라고 하면 아주 낮은 확률이라고 생각하겠지만, 이것이 원자로 1기에 대한 확률이라는 점을 잊어서는 안된다. 현재 세계 전체에는 400기가 넘는 원자로가 있으므로 1기당 1,000년에 한번의 대사고를 일으킬 수 있는 가능성이 있다고 하면, 곧 2.5년에 한번 세계 어디에선가 대사고가 일어난다는 것이 된다. 그러므로 1,000년에 한번이라는 확률은 대단히 높은 것이다.(그래서 그보다 조금 낮춰서 '1기당 몇천년에 한번꼴'로 대사고가 일어날 확률이 있는 것이 아니냐는 말이 있다.)

1986년 소련 우크라이나의 체르노빌 원전사고는 아직까지도 우리의 기억 속에 생생하게 남아있다. 1970년대에 스리마일섬 사고가 일어났고 50년대와 60년대에도 각각 대형사고가 있었다. 이런 사실과 현재의 원자로 수까지 생각해보면, 대체로 10년에 한번 정도는 대사고가 일어나지 않겠는가 하고 나는 생각한다. 그렇게 보면 1기당 몇천년에 한번 정도 사고가 일어날 확률이 있다는 것은 거의 진실에 가깝다고 할 수 있다. 그렇다면 이것은 매우 높은 사고확률이며, 안전신화를 옹호하기 위해 1/1,000,000보다 낮은 사고확률 운운할 수는 없게 된다.

의도적인 안전신화 만들기

미국에서는 TMI사고가, 소련에서는 체르노빌 사고가 일어났으며, 또 영국에서는 그에 앞서 윈즈케일에서 상당히 큰 원자력사고가 일어난 적이 있다.[17] 소련에서는 그 밖에도 몇번인가 큰 사고가 있었다. 이러한 상황에서 신화화되었던 원자력의 안전성은 세계적으로 붕괴되고 말았지만 일본에서는 그 후까지도 생명을 연장해오고 있다. 일본에서는 사고가 일어나지 않았으니까, 또 일본의 기술은 우수하니까 등의 논리가 안전신화의 생명을 연장시키고 있는 것이다.

일본에는 애당초 안전신화 같은 것은 없었다는 말도 있고, 정부나 전력회사가 이것을 신화라고 표현했는지는 딱히 알 수 없지만, 현실적으로 신화를 만들었고 그리하여 원자력의 절대안전을 전제로 해서 일본의 원자력사업이 시작되었다는 것은 의심할 여지가 없다. 구체적인 자료를 보자. 현재 개정판을 만들고 있는 《원자력의 연구·개발 및 이용에 관한 장기계획》(1994년판)에는 원자력의 안전에 관해서 다음과 같은 말이 있다. 《원자력의 연구·개발 및 이용에 관한 장기계획》은 원자력위원회가 5년 내지 6년마다 한번씩 내고 있는데, 이것이 일본의 원자력에 관한 기본인식이라고 하겠다. 그중 제2장 '일본의 원자력개발 이용 현황(2) — 안전의 확

---

17) 1957년 10월에 일어난 플루토늄 생산용 원자로 화재사고. 용융 우라늄, 핵연료 피복관, 핵분열 생성물이 연소하는 대화재가 일어났다. 원자로 내의 온도측정 실수로 원자로가 가열된 것이 사고원인이었다. 사고 후 영국 핵연료회사(BNFL)는 이미지 쇄신을 위해서 그곳의 이름을 '세라필드'라고 바꿨다. 일본이 재처리를 위탁한 재처리공장도 같은 부지 내에 있다.

보'에서 인용하겠다.

> 일반적으로 모든 기술은 위험성을 내포하고 있으며 인류는 지금까지 영지(英知)로 이것을 극복해왔다. 원자력에도 잠재적 위험성이 있지만 현재까지 축적된 지식과 기술 그리고 안전우선 사상은 이것을 충분히 제어할 수 있다는 것을 보증한다. 현재 우리나라의 원자력시설에서 안전성은 충분히 확보되고 있으며, 지금까지 주변 사람들에게 영향을 주는 방사성물질의 방출사고는 단 한번도 없었다. 운전 실적도 국제적으로 높은 평가를 받고 있지만 이에 만족하지 않고 (…)

일본에서는 지금까지 중대한 사고가 일어난 적이 없고 앞으로도 안전대책을 더욱 충실하게 하겠다는 등, 요컨대 실적이 좋다는 것을 자신있게 말하고 있는 것이다. 그러나 이 시점에서 본다면 "주변 사람들에게 영향을 주는 방사성물질"이 방출된 대형사고는 일어나지 않았을지 모르지만, "단 한번도 없었"던 것은 아니다. 또 '자신(自信)'에 관해서도, 실체가 없는데도 그렇게 말했다면 그들은 의도적으로 신화를 만들었다고 할 수 있다.

이 개정판이 나온 것이 1994년 6월이었는데, 바로 그 다음해인 1995년에 '몬쥬' 사고가 일어났던 것이다. '몬쥬' 사고는 안전심사에서도 상정하지 않았던 나트륨 누출 때문에 대형화재가 일어난 큰 사고였는데도, 정부는 역시 일반인들에게는 아무런 피해도 없었다고 주장했던 것이다. 이렇게 그들은 안전신화는 붕괴되지 않았고 일본의 원자력 안전은 확실하다고 계속해서 말했다.

말이 나왔으니 말인데, 1995년 1월에 일본의 모든 기술의 안전신화가 붕괴되었다고 하는 한신(阪神)·아와지(淡路) 대지진이 있었다. 이것은 원자력사고는 아니었지만, 이러한 지진에서도 원자로의 안전신화가 지켜질 수 있는가에 대해서 회의적인 생각을 갖게 했다.

마침내 파탄에 이른 '원자력 안전백서'

1995년 초에는 한신·아와지 대지진이, 그해 12월에는 '몬쥬' 사고가 일어나서 사람들은 일본의 모든 기술에 대해서 불안해하고 있었는데, 1997년 3월, 이번에는 토카이(東海)의 재처리공장에서 사고가 일어났다. 이 사고로 체르노빌 사고 때만큼 대량은 아니었지만 방사능이 외부에 방출되는 사태가 일어났던 것이다. 정부가 말하는 국제적 기준에서의 레벨3[18]의 사고가 일어났으며 그것은 이제까지 없었던 규모로 발전되었다.

---

18) 원자력발전소 사고에는 국제적 평가기준이 있으며 사고 수준에 따라서 0에서 7까지 8단계로 분류되어 있다.(일본은 0을 0+와 0-로 나누어 다시 9단계로 했다.)
레벨7 : 심각한 사고 / 체르노빌 사고(1986년)
레벨6 : 대사고
레벨5 : 시설 밖으로 위험이 번지는 사고 / TMI 사고(1979년)
레벨4 : 시설 밖에 큰 위험이 없는 사고 / JCO 임계사고(1999년)
레벨3 : 중대한 이상 상황 / 토카이 재처리시설 사고(1997년)
레벨2 : 이상 상황
레벨1 : 일탈(逸脫) / '몬쥬'의 나트륨 누설 사고(1995년)
레벨0 : 안전상 중요하지 않은 상황
     0+ 안전에 영향을 줄 수 있는 상황
     0- 안전에 영향을 주지 않는 상황

'몬쥬'나 토카이 재처리공장 사고를 겪고 나서, 1994년까지 "주변 사람들에 영향을 주는 방사성물질의 방출이 따르는 사고는 없었다"고 큰소리쳤던 정부의 자신감은 무너졌다. 또 "국제적으로 높게 평가되었다"는 자신감도 상당히 의심스럽게 되었다.

그러나 사태가 이러한 지경에 이르렀는데도 정부는 그들의 고집을 꺾지 않고 일본의 원자력은 안전하다고 끝끝내 주장했다. 1997년 토카이 재처리공장 아스팔트 고형시설 사고가 나자 원자력안전위원회는 대혼란을 거듭했다. 해마다 연말에 간행하는 안전위원회 연보에 《원자력 안전백서》라는 것이 있는데 그것의 발행이 지연을 거듭하다가 1998년 6월에 가서 겨우 발표되었다.

《원자력 안전백서》(1998년판)의 머리에는 '제1편, 원자력의 안전에 대한 신화 회복'이라는 다음과 같은 글이 실렸다.

'몬쥬' 사고의 조사심의를 통해서 일반사회가 말하는 '안심(安心)'이라는 것과 기술적 관점에서 평가하는 '안전'이라는 것, 두가지 '안전'에는 상당한 거리가 있다는 것을 새삼 인식하게 되었으며 동시에 원자력위원회가 주관하는 원자력정책 원탁회의에서도 원자력안전위원회를 비롯해서 원자력 행정을 담당하는 사람과 원자력사업자도 '안전'뿐만 아니라 '안심'에 대해서도 눈을 돌려야 한다는 지적을 했다.

관료적 용어이기 때문에 이해가 쉽지 않을지도 모르지만 요컨대 다음과 같은 말이다. "기술적 관점에서 말하는 안전은 지켜졌다.

즉 기술적으로 보면 일본의 원자력은 '몬쥬'나 토카이무라 재처리와 같은 사고가 있었지만 큰 의미에서 안전은 허물어지지 않았다. 사람이 죽거나 모두 피난하는 사태가 일어난 것도 아니고, 많은 양의 방사능 누출도 없었다. 이러한 정도는 안전의 범위를 넘어선 것이 아니다"라고 한 것이다. 그러니까 기술적으로는 이러저러하게 필요한 조처를 모두 했다는 주장이다. 그럼에도 비디오테이프를 은닉했다든가 허위보고를 했다든가 발표를 지연시켜 사고를 은폐했다든가 하는 이야기들 때문에 많은 사람들에게 불신과 심려를 끼쳐 사람들을 안심시킬 수가 없었다는 말이다.

오해를 무릅쓰고 알기 쉽게 풀어서 얘기하면, 원자로 전문가가 보면 안전은 충분히 지켜졌지만 비전문가가 보면 납득할 수 없다는 것이다. 비전문가라도 납득할 수 있는 '안심'의 수준까지 가야 하는데 이것은 반드시 기술적인 문제만이 아니라 홍보체제나 정보공개체제 그리고 정보전달시스템 같은 이른바 사회적인 신뢰성도 포함해서 말하는 것이겠지만, 사람들이 안심하는 데까지 가지 않으면 안된다고 1998년에 내놓은 《원자력 안전백서》는 말하고 있다. 여기서도 간접적인 표현이기는 하지만 기술적·공학적 안전은 확보되었다고 주장하고 있다.

다시 말해서 안전신화는 이때까지도 살아있었다고 할 수 있다. 나는 이러한 사실에 주목해야 한다고 생각한다. 토카이 재처리사고에 대해서 언급한 안전백서는 JCO사고 1년 전에 발표된 것이다. 이러한 말의 배경에는, 잠재적인 위험이 있기는 하지만 일본에서는 이것을 완전히 제어할 수 있기 때문에 원자력의 안전은 충분히 확보되고 있다는, 1994년 《원자력의 연구·개발 및 이용에 관한 장기계획》에서 했던 얘기가 깔려있다. 지금까지 원자로 주변에 사는 사람들에게 영향을 주는 방사성물질의 방출이 "전무(全無)하다"는 사실, 또 전력회사 등이 늘 말하는 원자력발전소 사고로 "사망한 사람이 없다"는 절대적인 사실이 뒷받침되어 있었던 것이다. 그토록 비참한 사고들이 있었는데도 그들은 그러한 변명을 늘어놓고 있었다.

그런데 JCO사고에서는 마침내 피폭자 중에서 사망자가 발생하고 말았다. 게다가 외부에 미치는 영향이 없었다고 할 수 없을 만큼 중성자선이나 일부 방사성물질이 방출되었기 때문에 많은 주민이 피난하고 '자택 대기'하는 엄청난 일이 벌어졌다. '자택 대기'한 사람이 31만명이라는 '이상 사태'가 발생했던 것이다. 보도에 따르면 손해배상액은 현재까지 500억~600억엔이라고 한다. 그러나 실제로는 더 많은 금액이 될 것이며, 또 정신적인 피해까지 생각하면 돈으로 환산할 수 없는 엄청난 피해를 입혔다고 할 수 있다.

이렇게 되자 끝까지 체면을 지키려던 정부도 이제 기술적으로 안전이 확보되었다고 말할 수 없게 되었다. 앞으로 정부가 어떠한 표현을 쓰게 될지 모르지만 사고조사위원회의 보고서에서 "안전신화는 없다"고 한 말은 여기서 그 근거를 찾을 수 있다고 생각한다.

다중방호시스템으로 방사능을 가둬둘 수 있는가

원자력의 안전신화를 형성해온 사고방식, 지금까지 그러한 말을 할 때 기초가 되었던 사고방식은 도대체 어떠한 것인가, 또 원자력의 안전이란 어떻게 확보되고 있는가에 대해서 다시 생각해보기로 한다.

우선 주의해야 할 것은, 지금까지 원자력의 안전이라고 할 때 문제가 되는 것은 원자력시스템 전체라기보다는 원자력발전소의 안전성에 모든 초점을 맞춰서 생각했다는 것이다. 더구나 공학적 설계상의 안전이라는 것에 문제의 초점을 맞췄던 것이다. 그동안 일련의 동연사고(動燃事故)나 JCO사고를 계기로 해서 오늘의 실태를 살펴보면 원자력발전소 내부에만 눈을 돌리고, 게다가 공학적 시스템의 구성만을 생각하는 안전 논의는 아무래도 시야가 좁지만, 우선 이 문제를 생각해보겠다.

보통 생각할 때 원자력발전소에 최대의 방사능이 집중되어 있으니까 확실히 그것이 안전상의 포인트가 되는 것은 맞는 말이다. 단, 원전의 안전성은 다중방호로 보장된다고 말해왔다. 다중방호는 한편 심층방호라고 하는데 애당초 영어의 'Defence in depth'라는 군사적 개념에서 따온 말이다.

심층방호를 알기 쉽게 생각하려면 성곽(城郭)을 상상하면 된다. 성곽을 지킬 때는 다중적 방호를 펴는 게 상식이다. 우선 성곽을 산 위에 쌓아올리고 그곳으로 들어가는 좁은 길만 낸다. 그래서 외부에서 공격해오는 적의 접근을 막는다. 그리고 대개 성곽 주위에 해자(물웅덩이)를 만든다. 이것이 두번째 방어선이다. 그리고 해자 안에 높은 담을 쌓고 방호벽을 만든다. 담을 쌓고 제일 높은 곳에 성곽의 본 건물을 짓는다. 그리고 이러한 시설에 방어군사를 배치해서 외적의 침공을 막기 위한 4중, 5중의 방호시스템을 구축한다.

그들은 원자력시스템에서도 이와 같은 다중방호를 펴는데, 다시 말해서 몇겹의 벽을 둘러쳐서 방호한다고 말한다. 하지만 성곽을 방호할 때의 심층방호 개념은 외부에서 침입하는 적을 방어하는 것이지만 원자력의 경우, 사고는 내부에서 발생한다. 내부에 방사능이 축적되고, 축적된 방사능이 방출되는 것이므로 원자력의 다중방호 또는 심층방호는 외부에서 공격받는 것과 좀 다른 데가 있다. 자세한 얘기는 다시 하기로 하고 먼저 제시된 그림을 보기로 한다.

그림5-1은 1997년 12월에 통산성이 발행한 안전문제 팸플릿 《원자력발전소의 안전확보 방침》에 실려있는 그림이다. 조금 전문성을 띠고 있지만 일반인이 보라는 팸플릿이다. 주요 골자는 '안전'을 '안심'으로, 앞서 안전위원회가 했던 말과 같은데, 안전확보

그림5-1 방사능을 가두는 다중방호시스템(5중의 벽)

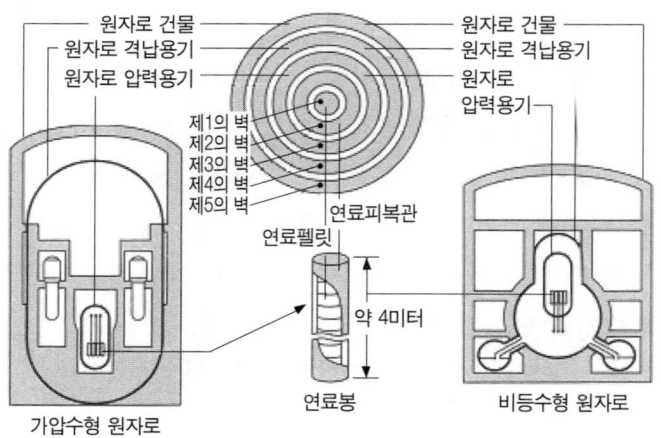

에 대한 기본적인 사고방식으로 방사능을 가둬두기 위해서 5중벽을 만들었다는 설명이다.

제1의 벽은 원자력발전의 연료펠릿인데, 이것은 이산화우라늄을 초벌구이한 알갱이로 그 속에는 핵분열로 발생한 '죽음의 재'가 밀봉되어 있다. 그 주위에는 엄밀히 말해서 일종의 합금 지르코늄으로 만든 연료피복 파이프가 있고 파이프 안에는 방사능이 밀봉되어 있다. 이것이 제2의 벽이다.

제3의 벽은 원자로 압력용기라는 원자로의 솥 부분이다. 원자로는 그 전체가 냉각수 속에서 냉각되는데 냉각수 전체가 원자로 압력용기 또는 원자로 용기라는, 요컨대 원자로 가마솥 안에 들어있다. 이것은 두꺼운 강철솥인데 물론 고온고압에 견딜 수 있게 제작된 것이다. 그리고 그 바깥에 있는 제4의 벽은 원자로 격납용기라는, 콘크리트와 강철로 만든 복합적인 구조로 된 용기다. 용기라고 하지만 원자로를 둘러싼 방이라고 할 수 있어서, 만일 방사능이 외부로 누출될 경우에도 그 속에 방사능을 가둬둘 수 있다. 그리고 그 밖에다가 콘크리트 원자로 건물을 만들고 그것으로 원자로를 방호한다. 그래서 5중이라는 것이다. 그러나 이것을 하나하나 점검해보면 결코 방사능을 가둬놓고 안전을 확보하는 방호시스템이 아니라는 것을 알 수 있다.

단 한가지 원인으로 방호시스템은 완전히 무너질 수 있다

우선 제1의 벽이라고 말한 연료펠릿이나 제2의 벽이라는 피복관은 사소한 일이라도 발생하면 아주 쉽게 깨져버리는데, 대사고가 나면 이런 것들은 모두 아무런 역할도 하지 못한다.

제일 중요한 것이 제3의 벽인데, 그게 바로 원자력 용기(압력용기)이고 원자력 용기가 견고하지 않아서 폭발이라도 일어나는 날에는 그 바깥에 있는 제4의 벽인 격납용기도 견디지 못하게 된다. 그 다음이 제5의 벽인데, 이른바 원자로 외부 건조물 따위는 방사능의 관점에서 볼 때 아주 엉성한 것이기 때문에 제구실을 못하게 된다. 비교적 객관적으로 공정하게 말하면 원자로 용기와 격납용기, 이 두가지는 그런 대로 방사능을 가둬두는 용기로 상당히 견고하게 만들었다. 그러나 일찍이 체르노빌 사고 때와 같이 원자로 용기와 격납용기가 순간적으로 날아가기도 한다. 또 이 두 시설은 TMI 원전사고 때에는 상당한 손상을 입었는데, 건전성(健全性)에 큰 문제가 있었다.

TMI 원전사고는 압력용기의 밑바닥이 파괴될 만큼 큰 사고였지만, 가까스로 대파괴까지 가지는 않았다. 상당히 위험한 데까지 갔지만 다행히도 그 정도에서 멈추는 바람에 대참사가 일어나지 않았던 것 같다. 그렇기 때문에 이러한 5중의 벽이란 기대할만한 것이 못된다. 따라서 5중벽이라는 것은 큰 의미가 없다고 생각한다.

결정적으로 중요한 것은, 압력용기와 격납용기 이 두가지 시설의 건전성이다. 그런데 격납용기는 내압(耐壓)문제 때문에 일단 압력용기에서 본격적인 방사능 누출이 일어나면 아무래도 견뎌내지 못할 것이다. 결국, 압력용기의 건전성만이 문제가 된다. 압력용기는 내용연한(耐用年限)에 따라서 열화(劣化)가 심화되고, 더구나 멜트다운 등의 상황에서 이것이 방어해주는가 하는 것이 문제인데 그게 반드시 절대적이지 않다는 데 문제가 있다.

어떻든 간에, 성곽(城郭)도 마찬가진데, 다중방호라고 말은 하지만 결국 다중방호를 깨뜨리는 사고가 일어나서 핵심적 방호의 어떤 부분이 무너지면 대개는 끝장이 나게 되어있다. 따라서 다중방호는 진짜 극한적인 사고가 일어나면 별로 의미가 없다고 생각한다. 그러니까 일상적이고 작은 사고가 났을 때는 성곽의 얘기에서와 같이 둘레에 있는 물웅덩이가 방어하고 또 성문을 굳게 닫아버리면 방어할 수 있지만 본격적인 대병력이 공격해오면 물웅덩이나 성벽 따위로 성곽을 방어할 수 없게 된다. 더구나 병력이 성곽 안으로 밀고 들어오거나 건물에 불이 나거나 하면 그때는 끝장이 난다. 예를 들어 성곽에서 불이 난다든지 하는 단 하나의 원인 때문에 모든 방호가 무너져버리는 일이 있게 된다. 이것을 '공통요인고장(共通要因故障)'이라고 하는데, 아무리 다중방호를 펴고 또 보조적으로 갖가지 방어장치를 했다고 해도 결코 완벽할 수는 없다는 말이다. 장시간의 정전사고나 원자로의 화재, 큰 지진 중 어떤 한가지 요소가 작용해서 모든 시스템이 왕창 무너졌다는 사실이 알려지면서 다중방호가 당초의 생각처럼 완벽하지 않을지도 모른다는 생각을 하게 된 것이다.

공학적인 '벽'으로 방어할 수 없는 문제

다른 관점에서 다중방호에 대해서 생각해보겠다. 지금까지 기계적인 부분에 주목하면서 얘기를 이끌어왔지만 사실 사고라는 것은 인간의 갖가지 조작이 뒤엉켜서 일어나는 것이다. JCO사고와 토카이 재처리공장 사고는 상당히 많은 부분에서 사람들이 관련되어 있었기 때문에, 이른바 인재(人災)가 뒤엉키는 바람에 큰 사고가 일어났던 것이다. 일찍이 나는 《거대사고의 시대》(弘文堂, 1989)에서 사고를 분석했는데, 거기서 어느 정도 밝혀낸 것은 인간과 기계가 뒤엉켜서 일으키는 문제가 발단이 되어 사고가 일어나면 그것이 장치의 결함으로 이어진다는 것이었다. 이렇게 장치에 문제가 생겨서 사고가 확대되면 장치를 운전하는 데 어려움이 생기고 결국 인간과 기계가 서로 작용해서 도미노현상처럼 사고가 커지게 된다. 그러한 인위적 실수, 인간이 관련된 사고에서는 아무리 공학적인 안전성을 강조해보았자 안전은 확보되지 않는다는 것을 알게 되었으며 우리는 그것을 JCO사고에서도 새삼 통감하게 되었다.

현대의 원자력 안전신화는, 건물이나 기계설비가 안전하게 설계되었는가 하는 기본적인 설계심사만 가지고 안전확보의 기본 틀이 이루어진다. 그러나 토카이 재처리공장 사고와 JCO사고, 이 두가지는 모두 인간이 관련됐다. 따라서 기계시스템의 안전설계를 심사하는 것만으로 사실상의 안전은 확보할 수 없다고 생각한다.

실제의 경우 안전이 깨지는 상황이나 성의 방호가 붕괴되는 과정을 살펴보면 사고의 단초가 되는 것은, 비유가 좀 나쁠지도 모르지만, 이를테면 내부에 첩자나 배신자가 있었다든가 아니면 내부 사람이 낮잠을 자는 바람에 사고가 일어났을지도 모른다는 것이다. 성곽을 어떻게 설계하는가 하는 문제뿐만 아니라 성 안에서 사람이 성을 지키기 위해서 어떻게 행동해야 하는가에 대한 구체적인 지침이 제대로 되어있지 않으면 큰 사고를 피할 수 없다고 생각한다.

그러니까 내부에까지 경계의 눈을 돌려야 대사고를 예방할 수 있다는 말이다. 이 점에서 지금의 안전확보에 대한 생각은 기본적으로 재검토되어야 한다고 생각한다. 그래서 하나하나 구체적으로 지침서를 검토하고 일상적으로 빈틈없는 체제를 확립하고 안전성을 지키지 않으면 안된다.

'안전문화'라는 말이 있는데 이러한 문화를 제대로 확립함으로써 사고를 방지해야 한다고 하는 생각이 체르노빌 사고 후에 대두되었고, 이번의 JCO사고의 정부보고서에서도 자주 거론된 바 있다. '안전문화'는 분명히 필요하지만, 어떻게 보면 정부는 꽤나 궁색한 도피처(구실)를 만들고 있다는 생각도 든다. 매뉴얼 단계까지 체크하지 않으면 여간해서 안전을 지킬 수 없다는 데까지 생각하게 된 현 단계에서 볼 때, 종래의 안전신화는 이미 무너졌다고 보는 게 옳을 것이다.

'원자력사고는 반드시 일어난다'는 것을 전제로

또 한가지 중요한 게 있다. 원자력의 안전성은 지금까지 대체로 원자력발전소의 안전성만을 강조했다. 원자력발전소에만 국한하면 원전에서 방사능을 압력용기나 격납용기에 가둬둘 수 있게 되어있고 거기다가 일정한 보조적 장치와 안전장치를 설치함으로써 상당히 안전성이 강화된다. 앞에서 말한 매뉴얼 차원에서도 좀더 엄격한 검사가 가능해질 수도 있다. 그러나 방사능의 중심은 그곳에 있지만, 원자력 전체의 범위는 실제로 엄청나게 넓다.

그림5-2 핵연료사이클의 긴 과정

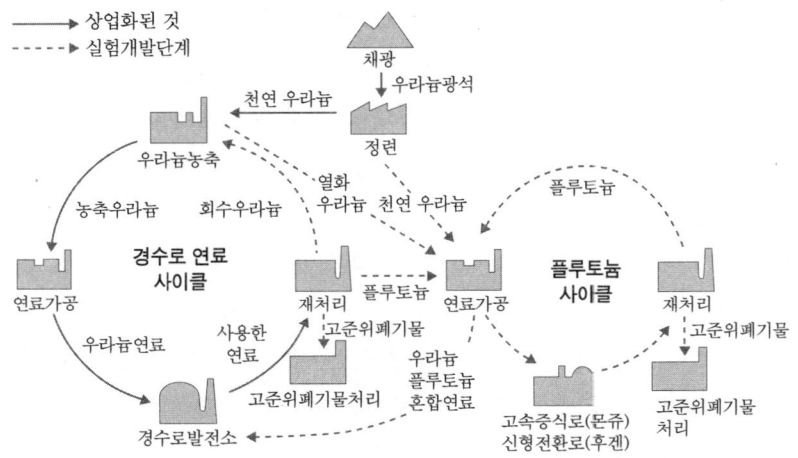

우라늄광산에서 천연 우라늄을 채굴하는 것으로 시작되는 핵연료의 흐름에서 보통 원전의 '경수로 연료 사이클'과 고속증식로 등 플루토늄 연료를 쓰는 신형 원전(연구 중)의 '플루토늄 사이클'이 있다.

그림5-2는 핵연료사이클을 보여주고 있다. 원자력발전을 하려면 우선 원자로가 있어야 하는데, 거기다가 연료를 장착하기만 하면 되는 게 아니다. 그림에서처럼 원재료가 되는 우라늄이나 방사성물질의 길고 긴 과정이 있어야 하고 다시 이러저러한 시스템이나 단계를 거쳐야 하는데, 전세계 곳곳의 여러 사람들이 서로 뒤엉켜서 움직이고 있다. 그중 어느 한 과정에서 조금만 차질이 생겨도 JCO 임계사고 같은 사고가 발생한다. 핵이 지닌 본질적인 위험성이 그 모습을 드러내면 JCO라는 아주 조그만 시설에서 느닷없이 벌거벗은 원자로(아무런 방호장치가 없는)로 변하는 엄청난 사고가

일어난다. 그러한 사태에 대해서는 이미 언급한 바 있지만 다중방호라는 시스템은 거의 제 역할을 하지 못한다.

그리고 핵연료사이클의 모든 시스템에 격납용기를 설치해서 완벽한 방호를 할 수도 없다. 이제까지 안전을 말할 때는 원전의 내부에만 눈을 돌리고, 외부의 안전에 대해서는 내부안전에 비해서 1/100 정도로밖에는 고려하지 않았던 게 아닌가 한다. 실제로 원자로 외부에 원자력발전소를 위한 그야말로 100배쯤 되는 전체적인 영역이 펼쳐져 있는 것이다. 그러한 영역 전체를 방호하지 않으면 안된다는 사실이 JCO사고에 의해서 아주 선명하게 밝혀진 것이다. 이것이 JCO사고의 아주 선명한 메시지라고 생각한다. 진짜로 안전한 원자력이 있을 수 있다고 하더라도 그것을 하려고 할 때는 원자로 외부에 방대하게 펼쳐져 있는 핵연료사이클 전체에 대해서 현재의 원자로와 똑같은 돈과 노력을 쏟아붓고, 철저한 안전교육을 받은 사람을 고정배치해서 검사해야 할 필요가 있다. 비유해서 말하면 그림5-2가 보여주는 핵연료사이클 전체를 하나의 거대한 격납용기로 몽땅 덮어버리지 않으면 안된다는 얘기다. 내부의 인간을 검사하는 안전규제체제를 설정하려고 하면 현재의 인원을 100배쯤 증원하는 체제로 하지 않으면 도저히 원자력의 안전을 확보할 수 없다. "'안전'에서 '안심'으로"와 같은 말은 도저히 성립될 수 없다는 것이 현실에 대한 내 결론이다.

이 문제와 관련해서 내가 할 수 있는 말은 안전신화가 붕괴된 것이 명백한 사실인데도 그것이 다음 단계로 연결되지 않았다는 것이다. 정부 측의 사고조사위원회는 안전신화의 붕괴를 말하면서도 어물쩡 다음 단계로 넘어가 "총체적인 위험성이 적으니까 그쯤에서 참아야 한다"는 식으로 결론을 맺었다. 그렇지만 원자력 사고는 일단 사고가 나면 엄청나게 큰 영향을 주므로 사고대책을 더욱 진지하게 생각할 필요가 있다. 이제 안전신화가 붕괴됐으니까 그야말로 대책 강화를 당연히 거론하지 않으면 안되지 않는가. 다시 말해서 원자력 사고는 반드시 일어난다, 일어날 수 있다는 것을 전제로 하면서 사고의 영향을 줄이고 또 주민에 대한 영향도 줄이고 해서 사고피해를 최소한으로 한다든가 또는 피해가 발생했을 때 신속한 대책을 세울 수 있는 일련의 체제를 마련해야 한다는 말이다. 사회 전체로서도 원자력을 선택했다는 것은 사고의 가능성까지도 선택했다는 것을 충분히 생각할 필요가 있다고 본다. 사고대책의 비용을 쓰더라도 원자력을 선택하겠느냐, 이러한 논의를 철저하게 하고 난 다음에 현실적인 선택을 해야 하고, 그래서 원자력에 대한 새로운 각오를 하지 않으면 안되는 게 아닌가 — 이것이 바로 원전신화의 붕괴가 주는 의미라는 것을 나는 강조하고 싶다.

제6장
'원자력은 값싼 에너지를 공급한다'는 신화

미국에서는 20년도 더 전에 붕괴된 신화

"원자력은 값싼 전력을 공급한다"는 신화는 제2장에서 말한 "원자력은 무한한 에너지원"이라는 신화에서 시작되었다. "무한한 에너지를 거의 공짜로 얻을 수 있다"는 이 신화는 "원자력은 무한한 에너지원"이라는 신화와 초기 단계부터 한쌍을 이루고 있었다. 이 점에서, 이 신화도 원자력을 상업기술로 성립시키기 위해서 아주 초기 단계부터 필요불가결했던 신화임에 틀림없다.

그러나 이미 언급한 바와 같이, 실제로 원자력은 결코 싸지 않다. 거대한 설비투자가 있어야 하고 기술개발도 필요한 데다가 방사능에 대한 대단히 견고한 방호가 있어야 한다. 게다가 그 배경에는 핵확산이라는 복잡한 문제가 도사리고 있다. 그래서 오랫동안 상업자본은 산업화하기를 꺼렸던 것이다. 그것을 정부의 원자력

지향이라는 국가적 전략과 보호에 의해서 가까스로 산업화할 수 있었다는 원자력의 역사는 앞에서 얘기했다.

원자력을 둘러싸고 조작된 이러저러한 신화 중에서 "원자력발전은 값이 싸기 때문에 장사가 된다, 그래서 전력회사나 국민에게 경제적으로 이익이 된다"는 신화는 아무래도 필요했었다고 생각한다. 그렇지만 현실적으로 이 신화처럼 되지는 않았다. 1950년대부터 그러한 말을 했지만, 1960년대와 70년대의 어느 시기까지는 원자력은 경제적인 경쟁을 할 수 없는 대단히 값비싼 것이라고 일반에 알려져 있었다.

일본의 사정을 말하기 전에 세계적인 상황을 잠시 살펴보기로 한다. 값싼 전력이라는 신화는, 원자력의 종주국인 미국에서는 아주 이른 시기에 무너졌다. 제4장에서 언급한 바와 같이, 미국은 1950년대 '아톰즈 포 피스'에서부터 원자력개발을 강력하게 추진했지만 원자력이 상업화된 것은 60년대였고 가까스로 본격적인 원자력발전 시대가 시작된 것은 70년대 전반이었다. 그런데 70년대 후반에 원자력이 싸다는 신화가 무너져버렸던 것이다. 원자력발전이 어느 정도 상업적인 것으로 확립되자 오히려 원자력의 비경제성이 명확해져서 원자력의 장래성에 대한 여러가지 불안이 나타나기 시작했다. 그러한 상황은 원자력발전소 발주 상황을 보면 명백하게 알 수 있다. 그림6-1은 미국의 원자력발전소 발주와 중지(취소)를 나타낸 것이다. 이것을 보면, TMI사고 5년 전인 1974년부터 벌써 새로운 발주가 격감하고 있다. 그리고 TMI사고가 난 1979년에는 발주가 0이다. 일본에서는 1957년대 초부터 1974~75년에 석

그림6-1 미국에서의 원전발주와 중지 추이

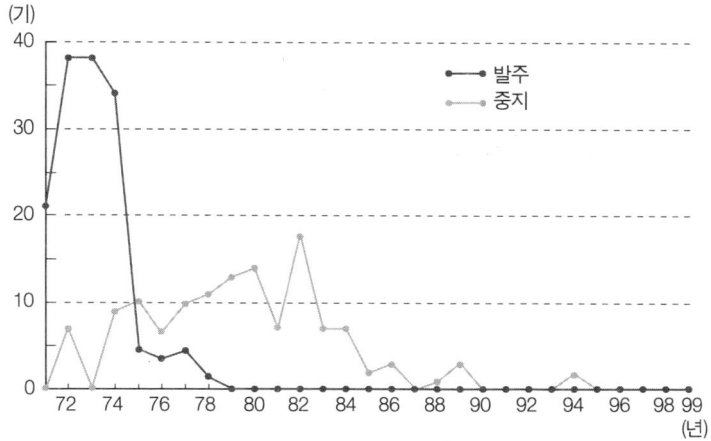

유위기설이 제기되면서 원전계획이 갑자기 늘어나고 있었다. 그런데 미국에서는 1972년경부터 원전의 발주 취소가 대단히 많아졌고 1975년을 경계로 해서는 발주보다 오히려 취소가 많아졌던 것이다. TMI사고 후에는 발주는 전혀 없고 취소만 많아져서 취소가 발주를 능가하게 되었다. 이렇게 된 큰 원인 중의 하나는 TMI사고와 체르노빌 사고지만, 미국에서는 뭐니 뭐니 해도 원전이 경제적으로 채산이 안 맞는다는 게 가장 큰 원인이었다.

　미국의 전력산업은 작은 전력회사들로 분할되어 있어 지역적으로 치열한 경쟁을 하지 않으면 안된다. 그리고 원자력이라 할지라도 상업적으로 자유경쟁에 의한 시장경제에서 살아남지 않으면 안된다. 아주 작은 기업인 전력회사들이 실제로 경쟁력이 있는 전력을 제공할 수 있는 에너지, 전력원으로 원자력을 보지 않으면 원자력발전은 살아남을 수 없게 된다. 이러한 상황이 아주 잘 나타난 곳이 미국일 뿐, 일반적으로 다른 나라도 사정은 같다고 생각한다.

기업이 원자력을 하느냐 안하느냐의 문제는, 시장경제의 원리를 받아들이는 한 기본적으로 값이 싸서 장사가 되느냐 안되느냐 하는 문제로 귀착된다. 윤리적 문제나 사회적 문제 같은 것은 둘째 문제고, 요컨대 이익이 생기면 하게 된다. 그렇지만 이제까지 기업을 포함한 세계에서 원전의 진행을 판단할 때, 순수한 경제시장에서 원전은 상품가치가 없었다고 생각된다. "원자력은 값싼 전력"이라는 신화가 시장경제의 장에서 붕괴되었다는 것은 구체적인 원전의 발주 수치를 보면 명확하다.

그림6-2는 1980년 이후 주요 국가의 원전 발주상황을 보여주는 것이다. 이것을 보면 구미국가와 비교해서 일본을 비롯한 중국, 한국 등 아시아의 국가들은 좀 다른 경향을 나타내고 있음을 알 수 있다. 그러나 세계적으로 보면 "시장경제논리에서 벗어난 원자력"이라는 흐름이 뚜렷하게 보인다.

그래서 신화는 죽었다고 해야 하겠지만, 지금도 원자력은 값이 싸다는 환상이 없으면 역시 원전은 기업이 될 수 없다. 결국 원전은 값싼 전력을 생산한다는 신화가 재생산되고 유지되는 구조가 있다는 얘기다. 값이 싼 전력이라는 환상이 무너져버렸기 때문에 새삼 그것을 다시 신화화할 필요가 있었을 테고, 애당초 신화라는 것은 그러한 모종의 이데올로기적인 역할을 하려고 만들어졌기 때문이다.

그림6-2 주요 국가의 원전 발주상황

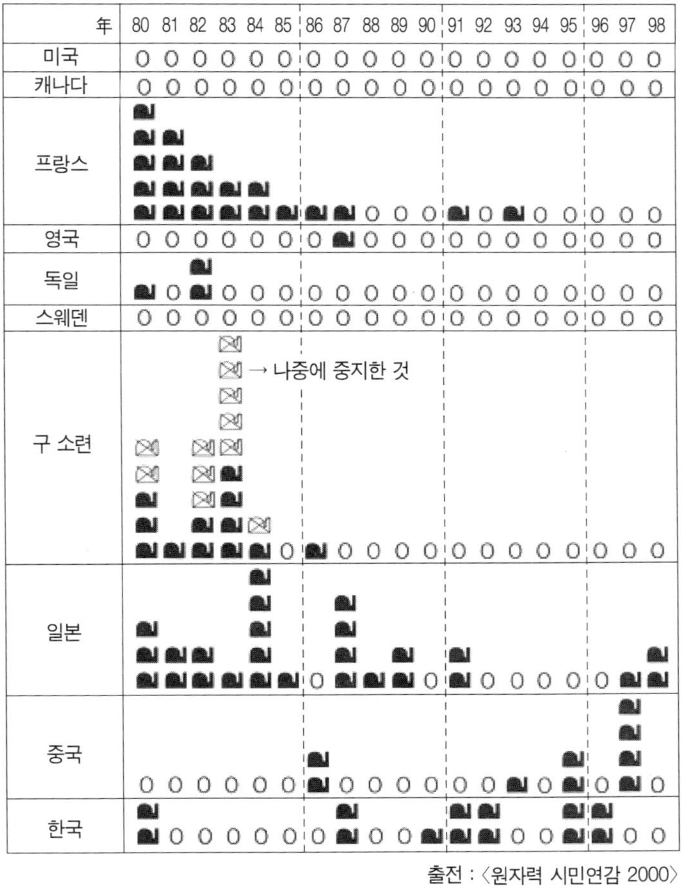

年	80	81	82	83	84	85	86	87	88	89	90	91	92	93	94	95	96	97	98
미국	O	O	O	O	O	O	O	O	O	O	O	O	O	O	O	O	O	O	O
캐나다	O	O	O	O	O	O	O	O	O	O	O	O	O	O	O	O	O	O	O
프랑스																			
영국	O	O	O	O	O	O	O	■	O	O	O	O	O	O	O	O	O	O	O
독일																			
스웨덴	O	O	O	O	O	O	O	O	O	O	O	O	O	O	O	O	O	O	O
구 소련																			
일본																			
중국	O	O	O	O	O	O	■					O	O	■	O	■	O	O	O
한국	■	O	O	O	O	O	O	■	O	O	■	■	O	O	■	■	■	O	O

☒ → 나중에 중지한 것

출전 : 〈원자력 시민연감 2000〉

전력자유화 시대가 왔다

원자력이란 값이 싸지 않다는 현재의 세계적인 추세는 오늘 일본의 전력사정에서도 알 수 있다. 일본에서는 세계적인 흐름에 밀려 차츰 전력의 자유화가 진행되고 있다. 개괄적으로 말하면 전력 요금이 싸지는 추세다. 그것은 이른바 규제완화, 다시 말해서 전력사업의 자유화라는 흐름을 타고 그렇게 되었다. 일본의 9개 전력회사[19] ― 오키나와(沖繩)전력을 넣으면 10개 전력회사이다 ― 가 블록으로 나뉘어져서 지역독점체제화되어 있다가 무너지지 않을 수 없게 된 것도 이 때문이다. "일본의 전력은 너무 비싸다"라면서 더 값이 싼 전력을 요구하는 일본 국내 산업계의 압력과, 일본의 전력사업을 개방하라는 해외로부터 ― 그게 미국이라고 생각하는데 ― 의 압력을 견뎌내지 못한 것인데, 이 역시 전력자유화 추세 때문이라고 생각한다.

1995년에 발전설비를 소유한 다른 산업이 전력회사에 도매값으로 전력을 매도하는 것이 법적으로 인정되고, 2000년 3월 21일부터는 '큰손 사업가'에 국한된 것이지만, 현재의 9개 전력회사 이외의 발전설비를 소유한 기업이 전력회사를 경유하지 않고 일반 사업가에게 전력을 도매로 팔 수 있게 되었다. 이렇게 되면 지금까지 전력회사가 팔던 값보다 상당히 싼 값으로 전력을 '큰손 사업가'에게 팔 수 있다. 이러한 흐름을 보면 언젠가는 '큰손 사업가'뿐만 아니라 일반 사업가에게도 그렇게 할 수 있게 될 전망이다.

그러나 9개 전력회사 이외의 발전설비를 소유한 발전회사에서

---

19) 홋카이도전력(115.8), 도호쿠(東北)전력(134.9), 도쿄전력(1730.8), 츄부(中部)전력(361.7), 호쿠리쿠(北陸)전력(54.0), 간사이전력(976.8), 츄고쿠(中國)전력(128.0), 시코쿠(四國)전력(202.2), 큐슈(九州)전력(525.8) 등 9개 회사. 괄호 안은 1999년 3월 말 현재 원자력 설비용량.(단위는 만kW)

전력을 직접 도매하게 되어도 사실 그때 전력회사의 송전선을 쓰지 않으면 안되기 때문에 A라는 발전회사가 B라는 사용자에게 전력을 보낼 때 A, B 간의 송전회로는 도쿄전력이나 간사이전력 등이 소유하는 전선을 쓰게 된다. 이런 것을 탁송(託送)이라고 하는데, 전력회사가 탁송요금을 비싸게 요구할지 모르니까 전력이 얼마나 싸게 될 것인지 일률적으로 말할 수 없다. 그렇지만 역시 직접 도매를 하면 전력회사의 전기보다는 확실히 싸질 것이다.

발전설비를 갖고 있는 것은 대개의 경우 대기업이다. 일본의 전력회사의 전력을 사면 아주 비싸기 때문에, 중화학공업 회사들 중에는 자기 기업 내부에서 중유를 연료로 해서 발전할 수 있는 회사가 대단히 많다. 게다가 2000년 7월 NTT의 관련회사에서 전력을 소매하는 신규 회사를 설립한다고 발표했는데, 여기에 외국의 몇몇 기업도 참가 의사를 밝힌 바 있다.

NTT 같은 기업은 정전(停電) 대비용 전력을 자체적으로 가져야 하기 때문에 그것은 잉여설비가 된다. 이러한 잉여설비로 생산하는 전력은 도매할 수 있다. 그 밖에도 발전설비를 갖고 있는 기업이 많은데, 그곳에서 생산하는 전력을 전부 합하면 현재 전력회사들의 발전설비에 비해 결코 무시할 수 없는 수준의 전력을 생산할 수 있으며, 이것을 상업적 경쟁을 통해서 제공할 수도 있는 회사가 상당히 많이 있다.

따라서 수요자 측인 '큰손 사업가'는 이러한 전력을 사는 게 훨씬 싸게 먹히게 된다. 생산가(生産價)에서 전력요금이 차지하는 비율이 무시할 수 없이 크므로 이러한 방향으로 나아가리라는 것은 확실하다고 할 수 있다. 더구나 현재와 같이 전력수요가 별로 증가하지 않는 상황에서, 독립적 발전사업가의 전력공급이 전력수급 면에서 일정한 비율을 차지하게 될 때 전력회사가 특별히 새로운 발전설비를 준비하지 않더라도 당장 전력수급이 어려워지지 않으리라는 것은 확실하다.

이러한 일련의 경향은, 전력회사가 값이 싼 원자력전력을 제공한다는 신화도 어떤 차원에서 보면 이미 무너져버렸다는 하나의 증거가 아닌가 생각한다. 전력자유화 추세 속에서 발전기업으로 참가하고 있는 기업들은 대개 비교적 소규모인 석유화력, 천연가스화력 등의 발전설비를 갖춘 회사들인데, 그러한 설비는 대단히 경쟁력이 있다. 전력회사의 발전설비보다 경제적으로 훨씬 경쟁력이 있다는 것을 보여준다. 이러한 상황에서 전력회사 측은 "전력이 완전히 자유화된다면 원자력발전소 따위는 건설할 수 없게 된다"고 말하고 있다.

경제성을 중시하고 그러한 경제성을 토대로 전력공급이 결정되는 사회구조에서, 장기적 계획으로 무리하게 막대한 자본을 투입해서 거대한 원자력발전소를 건설하고 게다가 이에 따르는 폐기물 문제나 폐로문제 등 이러저러한 문제를 싸안아야 하는 원자력은, 차츰 경쟁력을 잃어가리라는 것을 최근의 자유화 논쟁 속에서 전력회사 측도 스스로 인정하고 있다.

대체로 해외에서도 이러한 자유화의 과정에 따라 원자력은 무너지고 있는 것 같다. 그러면서 한편에서는 앞으로 주요 에너지원이 될 풍력, 태양광, 바이오매스 등 재생가능한 에너지와, 현재 유행을 타는 수소에너지나 연료전지 등도 그 비용이 싸지고 있다. 풍력 등은 지역적이기는 하지만 원자력보다 값이 싸다는 답이 나왔다. 이러한 상황에서 "원자력은 값이 싼 전력"이라는 이른바 '경제신화'는 세계적 추세로 보아도 무너지고 있다는 것은 명백한 사실인 것이다. 현재 미국 등을 보면 석탄화력이 압도적으로 값이 싸고 천연가스화력도 값이 싸졌다. 그리고 풍력 등도 경쟁력을 갖게 되었다. 이에 대해서 원자력은 그 자체로도 값이 비싼 데다가 가격형성에서 계산되지 않는 이른바 외부비용, 즉 폐기물 처리문제와 폐로 처분문제 등 불확정 요인이 있기 때문에 앞을 내다볼 수 없다. 이 과정에서 마침내 경제신화가 무너지고 있는 것이 지금의 상황인 것이다.

새로운 신화 만들기에 열을 올리는 일본정부

그런데 이런 상황에서, 어떤 의미에서는 흥미진진한 일이 벌어지고 있다. 일본에서는 '안전신화'가 무너졌기 때문에 이제 새로 '경제신화'를 부활시키기 위해서 통산성이 중심이 되어 눈에 띄는 활동을 하고 있는 것이다.

JCO사고로 일본의 원자력 지향 정책이 와르르 무너지자 통산성 자원에너지청은 〈원자력발전의 경제성에 대하여〉라는 새로운 시산표(試算表)를 발표했다. 그것은 1999년 12월 16일, JCO사고가 있고 3개월도 채 안되었을 때, 종합에너지조사회 원자력부 회의에 제출한 자료인데 그것을 자원에너지청은 2000년 2월 17일에 공개 자료로 발표했다. 자원에너지청은 1994년부터 5년 동안 원자력발전에 관한 시산을 한번도 하지 않았는데, JCO사고 후 이 자료에서 다시 시산을 했던 것이다. 이것을 보면 정부가 원자력에 대해서 새로운 신화를 만들어보려고 얼마나 애쓰는가 알 수 있다. 전력회사들도 원자력이 그리 싸지 않다는 것을 알게 된 지금, 통산성이 적극적으로 나서서 새삼 "원자력은 값이 싸다"는 주장을 하고 있는 것이다. 그것도 대단히 무리한 논법으로, 강력하게 주장하고 있다. 싸냐 비싸냐 하는 것은 보통 기업이 판단할 문제인데, 지금 통산성이 나서서 원자력이 싸다고 전력회사들에게 우기고 있는 것이다. 이것이 바로 신화가 신화다운 이유인지도 모르지만, 통산성이 앞장서서 깃발을 흔들면서 원자력을 추진하는 구조가 잘 나타난다.

자원에너지청은 1976년부터, 원자력은 다른 에너지에 비해서 값이 싸다고 했는데 이것은 확실히 사실이다. 1980년대에 만든 시산을 보면 원자력은 킬로와트시[20]당 9~10엔이다. 당시의 석탄이나 석유 등 화력발전에 비해서 2엔쯤 싸다고 했다. 이런 식의 계산은 나중에 언급하겠지만 상당 부분 일방적인 계산이다. 왜냐하면 본래 원자력의 비용에 넣어야 할 것을 넣지 않고 처음부터 원자력을 유리하게 하기 위해서 계산한 것이기 때문이다. 이렇게 극히 의도적인 계산과 구조 속에서 값이 더 싸다는 말이 나온 것이다.

그런데 1990년대에 들어와서는 그들의 계산방식으로도 원자력의 유리한 점이 상당 부분 흔들리게 되었다. 첫째, 수입석탄에 의한 석탄화력발전이 원자력보다 좀더 싸다는 시산이 여기저기서 나

---

[20] 전력량을 나타내는 단위. 1킬로와트의 전력이 1시간 작업했을 때의 전력량을 1킬로와트시라고 한다.

왔기 때문이다. 원자력은 킬로와트시당 9~10엔 정도로 1980년대와 같은데, 석탄화력이나 LNG(액화천연가스)화력은 자원에너지청이 1994년에 내놓은 시산에서 9엔 정도다. 외환시세 탓도 있지만, 양자가 경합하는 형세가 되는 바람에 원자력이 싸다는 얘기는 무너지고 말았다.

폐기물의 최종처분비용이 불확정적이라 원자력의 비용에는 이것을 포함시키지 않는다. 그래서 얼마간 더 보태지 않으면 안되기 때문에 이 단계에서 원자력은 석탄이나 LNG와 경합하게 된다. 석유에 대해서도 원자력이 1~1.5엔의 우위를 유지할 수 있다고 하지만, 불확정적인 비용을 포함하면 어느 쪽이 싼지 분간할 수 없게 된다. 결국 원자력이 다른 에너지원과 경합하기 어려운 상황이라는 것은, 자원에너지청의 시산에서도 드러나게 된 것이다. 이러한 시산은 일반적인 가정(假定)을 기초로 계산한 것이다. 전력회사가 하듯이 각 원자력발전소의 실적치(實績値)에 대한 시산치(試算値)를 이용해서 계산한 데이터도 있는데, 이 데이터도 원자력은 결코 싸지 않다는 것을 다양하게 보여준다.

그런데 JCO사고 후 자원에너지청은 원자력에 대한 시민들의 비판이 압도적으로 높아지는 가운데 이에 대항이나 하듯이, 원자력이 싸다는 내용의 1999년 자원에너지청 시산을 내놓은 것이다.

이 시산을 보면서 나는 상당한 공포감을 느꼈다. 너무도 황당한 가정을 내세워서 강력하게 원자력을 유리한 방향으로 가져가려는 것을 보고 공포감을 느끼게 되었던 것이다.

자원에너지청은 1994년 막바지에 원자력은 1킬로와트시당 9엔이라고 말했다. 그리고 5년이 지난 JCO사고 후에는 갖가지 안전강화책을 세워야 하기 때문에 원자력이 비싸지리라고 다들 예상하고 있었는데, 그게 오히려 6엔이 된 것이다. 정확하게 말하면 6엔이 채 안되는 5.90엔을 제시해놓은 것이다. 하기는 같은 전제에서 계산한 석탄화력은 대체로 6.5엔, LNG화력은 6.4엔이니까 원자력발전이 조금 싸기는 하다. 그러나 얼마간의 불확실성을 가산하면 거의 같게 되어야 하는데도 원자력이 비싸지 않고 오히려 싸다고 한 것이다.

'원전 내용연수(耐用年數) 40년'은 마술

원자력 비용은 1킬로와트시에 9엔에서 6엔 미만으로 3엔 이상이나 싸졌다. 5년 동안 아무런 변화도 없었기 때문에 비싸졌으리라고 예상했는데 오히려 싸졌다는 것이다. 꽤나 교묘한 마술을 썼구나 하고 살펴보니까, 그게 대단한 속임수라 할 수도 없는 극히 단순한 '마술'이었다.

시산에서 사용한 원전이나 화력발전소의 내용연수(耐用年數)를 법정 감가상각 비율에 따라서 결정하고, 그것을 40년으로 한 것이다. 원전은 자본비(資本費)가 크기 때문에 내용연수를 길게 잡으면 전체적으로 그만큼 싸진다. 원전의 내용연수는 지금까지 16년이라고 했었는데 이것은 실제로 16년간 사용한다는 것이 아니고 법적으로 계산할 때 그렇다는 것인데, 그것을 순식간에 40년으로 연장한 것이다.

이렇게 하면 값이 상당히 싸진다는 것은 금방 알 수 있다. 거기다가 다시 설비 이용률, 다시 말해서 원전의 가동률을 지금까지 70퍼센트로 잡던 것을 80퍼센트로 올려놓았다. 그리고 우라늄연료의 연소효율도 높게 계산한 것이다.

뿐만 아니라 환율을 1달러당 128엔으로 계산했다. 원전은 수입 의존률이 크지 않으니까 그것으로 큰 변동이 있는 것은 아니지만, 석유, 석탄, LNG 등은 128엔 대신 현재와 같은 1달러당 105엔이나 108엔으로 계산하면 발전에 쓰는 연료비가 20퍼센트 정도 차이가 생긴다. 이것은 상당한 차이라고 할 수 있다. 이 계산으로도 원자력이 유리해지게 되는데, 그보다 계산의 전제, 즉 40년간 원전이 80퍼센트의 가동률로 가동을 계속한다는 것은 너무나 극단적인 가정이라고 할 수 있다.

최근 수년 동안 전체 원전의 평균 가동률은 80퍼센트쯤 되지만 역사적으로 평균을 잡는다면 70퍼센트 정도가 타당할 것이다. 또 개별 원전에 대해서 보더라도, 여기서는 40년이나 원전을 가동시킨다고 생각하고 있지만 가령 현재의 원전이 40년이나 간다고 해도 40년간 계속해서 80퍼센트의 가동률을 유지할 수는 없다. 최근 80퍼센트 정도의 가동률을 유지할 수 있는 것은 비교적 '젊은' 대형 원전들이 참가했기 때문이다. 그것이 가동률의 평균을 높여주고 있는 것뿐이다.

그리고 현재 가동 중인 일본 원전들의 평균 가동연수는 15년 정도이므로, 지금부터 20년 후의 원전 가동은 완전히 미지의 영역이다. 그때가 되면 가동률이 많이 저하될 것인데, 우리가 분석한 바에 따르면 70퍼센트보다 떨어져서 60퍼센트대 정도가 될 것이다.

통산해서 70퍼센트 정도의 가동률을 가지고 가령 40년 동안 운전할 수 있다고 하면, 그 효율은 벌써 10퍼센트 정도 떨어질 것이고, 비용은 그만큼 높아질 것이다.

그러나 실제로 40년이나 원전이 유지될 수 있을지는 그야말로 미지의 영역이라고 할 수 있다. 정부는 지금 원전을 40년이 아니라 60년까지라도 가동시키고 싶을 것이다. 만약 그렇게 된다면 그야말로 안전을 무시한, 대단히 무리한 초장기 운전이 될 것이다.(원전의 수명 연장과 노후화에 대해서는 마지막 장을 참조하기 바란다.)

이제까지 일본에서 가장 오랫동안 운전된 원전은 가장 초기에 도입한 토카이 원전인데 그것은 32년 만에 폐로되었다. 현재 가동 중인 원전 중에서 가장 오래된 원전은 30년이 되었는데, 이것이 앞으로 10년을 더 견딜 수 있을지 무척 의심스럽다. 예를 들면 쓰루가 1호 원자로는 원자로의 중심 구조물(자세한 것은 마지막 장을 참조)에 커다란 균열이 생겼다고 하는데, 그것이 도대체 얼마나 버틸지 의문이다. 또 그런 노후한 원전을 유지해서 수명을 연장하려면 개수비용과 시설투자가 추가로 필요할 텐데, 이런 것을 생각하면 그 가정은 대단히 억지스러운 것이라고 할 수밖에 없다.

무리하게 짜맞춘 신화

이런 종류의 계산을 할 때 항상 문제가 되는 것이 두가지 있다.

첫째, 원전의 건설비 부분에 대해서는 일단 통산성 자원에너지청의 데이터대로 한다고 하더라도 재처리, 폐기물 처분, 폐로 등의 비용은 문제가 된다. 이러한 비용을 통산성은 대체로 언제나 너무

낮게 계산하는데 이번 계산에서도 백엔드(backend) 부분, 다시 말해서 방사성폐기물의 중간저장이나 최종처분 등에 관해서는 1킬로와트시당 0.29엔밖에 계산하지 않았다. 그리고 재처리에 대해서는 1킬로와트시당 0.63엔으로 했는데, 이런 것을 모두 합쳐 핵연료 사이클 비용을 1킬로와트시당 1.65엔밖에 계산하지 않았다. 그리고 폐로비용은 자본비에 포함된다고 해서 거의 계산에 넣지 않았으니 당연히 비용이 싸질 수밖에 없다. 게다가 운전유지비도 수십 퍼센트쯤 높아진다. 연료비의 경우 아오모리현 록카쇼무라 재처리공장 건설비가 당초 7,600억엔에서 현재 3배에 가까운 2조1,000억엔이 되었다는 것을 생각하면, 이런 것을 모두 재처리비로 계산한다 해도 최소 1엔은 더 높게 책정하지 않으면 안된다.

내가 계산한 바로는, 현실적으로 아무리 낮게 잡아도, 그리고 같은 항목에 들어가는 비용만 냉정하게 분석해도 자원에너지청의 시산보다 3엔이 올라간 9엔쯤 된다. 같은 방법으로 계산하면 결국 석유화력과 원자력은 비슷한 숫자가 나온다.

정부의 계산으로는 다른 수입비용이 드는 에너지에 비해서 원자력이 싸다고 하지만, 앞에서 얘기한 바와 같이 환율을 128엔으로 할 때만 그렇다. 환율을 이를테면 현재와 같이 105엔이나 108엔 정도로 하면 그것만 가지고도 이미 원자력은 LNG와 석탄보다 비싸진다. 통산성의 보고서는 원자력은 싸다는 신화를 만들기 위해서 그렇게 한 것 같은데 내용을 잘 살펴보면 보고서가 풍기는 인상만큼 원자력이 싸다고 할 수 없다. 오히려 원자력이 싸다고 하려면 이만큼 무리를 하지 않으면 안된다고 하는 것을 보여주는 것 같다.

계산에 포함되지 않은 비용들

비용에 관한 또하나의 문제는 본래 원자력 비용에 넣어야 하는데 포함시키지 않은 각종 경비가 있다는 점이다. 예를 들면 정부의 직·간접적 원자력 관련 경비가 그것이다. 더구나 정브에서 쓰는 비용뿐만 아니라 전력회사가 쓰는 각종 원전건설 대책비나 방대한 선전비도 원자력 관련 경비에 들어있지 않다.

또한 통산성 보고서에서 전혀 언급하지 않았지만, 통산성 이외에 과학기술청에서도 거액의 원자력개발 비용이 나가는데 이러한 비용도 포함되지 않았다. 순수한 민간산업이라면 당연히 민간기업이 부담해야 하는 이러저러한 경비들이 있다. 예컨대 JCO사고 때에도 경험한 일이지만, 정부는 그 대책비용으로 긴급하게 1,200억 엔의 예산을 책정하지 않으면 안되었다. 그러한 제반의 경비를 정부는 원자력 관련 비용에 책정하지 않았다. 이런 것을 모두 계산하면 또 2엔 정도 값이 올라가게 된다.

아까도 언급했지만 통산성 보고서를 보면 방사성폐기물의 최종 처분비를 합쳐 '백엔드' 비용을 1킬로와트시당 0.3엔 정도밖에는 책정하지 않는 것 같다. 그러나 어느 만큼 안전성을 생각해서 처분하는가, 즉 폐로에 관해서 어떠한 폐기물까지 방사성폐기물로 엄중 관리하는가 하는 기준에 따라서 비용은 상당히 달라진다. 정부가 폐로 처분에서 지금처럼 모든 것을 일반산업폐기물로 '정리'해 버리는가, 아니면 모든 폐로 폐기물을 방사성폐기물로 엄중 처분하는가에 따라 폐로 비용은 10배 이상 달라질 것이다.

이상에서 본 바와 같이 나는 정부의 이런 종류의 시산은, 적어도

2엔에서 3엔의 사회적 비용까지 넣으면 좀더 많아지겠지만, 최소한 3엔은 더 올려야 한다고 생각한다. 그렇게 하면 원전의 비용은 확실히 아주 높아진다. 이런 것을 실제로 알고 있기 때문에 반드시 현지 사람들이 반대할 뿐만 아니라 많은 전력회사도 원자력발전소를 세우기를 꺼려한다. 그리고 현재와 같은 방법으로는 앞으로 전력사업에 참가하는 다른 기업에 비용상 대항할 수 없게 된다.

그렇기 때문에 그야말로 대단히 '난폭한' 보고서가 나왔다고 생각한다. 진실로 원자력발전소에 경제성이 있는 것처럼, 자원에너지청은 하나의 작문(作文)을 할 수밖에 없었다고 본다. 이것은 역시 신화의 재생이라고 할 수 있고, 그래서 나는 근거 없는 신화라고 말하고 싶은 것이다. JCO사고를 보더라도 알 수 있듯이, 원자력산업 전체 중에서도 특히 지금까지 정부나 기업이 돈을 많이 들이지 않았던 약한 부분에서 큰 사고가 일어난다. 만약 원자력발전을 하려면, 모든 면에서 더욱 철저하게 관리하고 방재체제를 확립해야 할 것이며, 배상체제도 갖추지 않으면 안된다. 물론 그렇게 한다면 원자력의 '경제신화', 즉 "원자력이 값싼 에너지를 공급할 수 있다"는 신화는 완전히 붕괴될 것이 불을 보듯 뻔하다.

제7장
'원자력발전소는 지역발전에 기여한다'는 신화

'기피시설'이 된 원자력발전소

원전은 지역에 바로 도움이 되는 제품을 만들어서 그 지역을 풍요롭게 하는 시설이 아니다. 원전은 거의 모두 그 지역에서는 소비하지 않는 전력을 생산하고 있다. 지역에서 생산해서 멀리 있는 도시 같은 거대한 소비지역으로 송전하는 구조이기 때문에 원전은 그 지역의 생산적 시설이 될 수 없다.

이러한 성격은 주일 미군기지라든가 자위대의 군사기지와 흡사하다고 볼 수 있다. 그 자체로는 지역에 도움이 되는 것이 아닌데도 설치해야 하기 때문에, 갖가지 방법으로 국가나 사업자가 돈을 풀게 된다. 극단적으로 말하면 '기피시설'이라고 할 수 있으며, 이때 주는 돈은 일종의 '보상금' 같은 것이다. 원전은 그러한 형태로밖에는 지역에 이익을 돌려줄 수 없으며 시설을 유치할 수도 없기 때문에, 원전이 지역발전에 이바지한다는 사실을 뒷받침하기 위해서 그 어떤 법적 수단이 필요했던 것 같다. 이것이 기본적으로 전원3법(電源三法)[21]이라고 하는 법체계다. 현재는 전원3법뿐만 아니라 각종 교부금도 있는데, 원전이 지역에 내놓는 돈 중에서 가장 큰 것은 원전이라는 거대시설에 부과되는 고정자산세이다. 이러한 각종 교부금이나 세금 등 원전 설치 보상금이 지역을 위해서 유효하게 활용될 수 있고 또 지역발전을 위해서 이바지할 수 있다면 얼마나 좋겠는가. 그러나 사실은 그렇지 않다.

여러가지 이유 때문에 실제로 떠들어대는 만큼 지역발전에 도움이 안된다는 것은 어느 정도 밝혀졌다. 이미 "원전은 지역발전에 기여한다"는 신화는 상당히 빛을 잃었는데도 불구하고, 일단 원전을 유치해서 지역사회가 '돈세례'를 받고 '돈맛'에 빠져들면 그로부터 헤어나지 못하고 흡사 개미지옥 같은 구조가 되어버린다.

쓰루가(敦賀)시장의 솔직한 발언

지역발전이라는 신화를 생각하면 우선 내 머리에 떠오르는 것은 1994년에 경험한 사건이다. 1994년 '원자력 장기계획'을 개정할 때 '장기계획 개정에 관한 의견을 듣는 모임'이라는 것이 있었다. 1994년 3월 4일과 5일 이틀간 열린 회의에 나도 초청되어 주로 플루토늄정책에 대해서 의견을 개진했었다. 이때 마침 자치단체의 의견을 대변한다는 의미에서 아오모리현의 키타무라 마사야(北村

---

21) 전원개발 촉진법, 전원개발 촉진세법, 발전용시설 주변지역 정비법, 이상 3개 법률. '전원3법 교부금제도'는 1974년 제정되었다.

正哉) 당시 지사와 쓰루가시의 다카기 코이치(高木孝一) 당시 시장이 동석했었다. 그때 다카기 씨가 지역의 의견이라면서 얘기한 것이 대단히 인상적이었다.

"몇십년 전부터 이른바 일본정부가 국가사업으로, 무슨 일이 있어도 반드시 실천해야 하는 국책이라면서 원자력발전소를 추진하는 방침에 충실하게 따르는 것이 우리의 최대 기본이념이었습니다. (…) 그런데 최근 특히 지역사회로부터 기피시설이라는 말까지 듣고 있지만 우리 쓰루가시에는 원전이 4기가 있습니다. 일본에 지금 45기의 원전이 가동되고 있고 다시 7기를 건설하고 있는데 그것이 바로 후쿠이(福井)현의 레이난(嶺南)지방, 이른바 와카사(若狹)지구입니다. 와카사지구에는 그처럼 좁은 곳에 15기의 원전이 있는데 이것을 신설할 때도 매우 힘들었습니다만 지금 우리는 말씀드린 바와 같은 국가적 이념에 입각해서 국가정책에 전적으로 협력하고 있습니다. 그래서 나는 국책이라는 것을 가장 중요시해야 한다는 말씀을 드리게 된 것입니다. 그런데도 예를 들면 와카사에는 그 흔한 국도가 27호선 하나밖에 없습니다."

이런 내용의 발언을 했다. 원자력발전소 건설이 '국책'이라는 바람에 협력하고 있지만, 지역에는 만족할만한 도로 하나 없으니 지역발전에는 거의 기여하지 못했다는 말을 구구절절하게 늘어놓아, 그 회의가 마치 지방자치체가 정부에 돈을 요구하는 것 같은 인상을 받았다. 그의 말이 끝나고 나서 다른 분과에서 질의응답이 있었을 때 그는 다시 이런 말을 했다.

"아까는 태양광 등의 얘기가 있었습니다만 ― 다른 사람이 태양광발전이 바람직하다는 말을 했다 ─ 우리도 언젠가 그러한 에너지개발을 할 수 있겠지 하고 큰 관심을 갖고 있습니다. 그것이 만약 10년이나 15년 내에 이루어진다면 그때 우리는 원자력발전소를 안하겠습니다. 지금 우리 지역에서 증설되고 있는 3, 4호 원자로도 만약 앞으로 10년 후에 태양광발전이 된다면 지금이라도 거부하겠습니다. 진짜로 거부하겠습니다. (…) 우리는 결코 원자력발전소가 좋아서 푹 빠져버린 게 아닙니다."

이 발언은 불평이랄까 그런 투의 얘기인데, 다카기 씨라는 사람의 개성에 의한 것이겠지만 여하튼 원전을 받아들인 자치단체의 심정을 상당히 솔직하게 말했다는 느낌이다.

그의 말 속에도 들어있는 바와 같이 쓰루가시는 일본 최초의 경수로 원전 쓰루가 1호와 2호 원자로, 일본 최초의 신형 전환로 '후겐(普賢)'을 받아들였고, 그리고 다시 일본에서 최초로 고속증식 원형로인 '몬쥬(文珠)'를 받아들인, 어떤 의미에서는 토카이무라와 비견되는 원자력의 첨단 시설을 받아들인 곳이다. 그런데 원전을 받아들인 지역의 시장이라는 사람이, 국가이익을 위해서 죽도록 일했는데 ─ 사실 지나치게 강조된 면이 있는 것 같지만 ─ 지역에는 아무런 혜택이 주어지지 않았고 더구나 지역에서는 원전을 '기피시설'이라고까지 한다고 말했다는 것은 굉장히 재미있는 일이다.

이처럼 '지역발전'이니 '인구과소지 대책'이니 하는 이유로 원전을 받아들였던 지역들이 어느 단계가 지나, 원전은 방사능이 집중하는 기피시설이라고 생각하게 되었으며, 게다가 원전에 의한 지역발전이 충분히 이루어지지 않았다고 실감하게 된 것이 현실이라고 생각한다.

몬쥬 사고와 3개 현(縣) 지사의 제언

이러한 상황이 한층더 명백해진 것이 1995년 12월 8일에 일어난 '몬쥬' 사고다. 이 사고로 국가의 원자력정책에 대한 전 국민의 불신감이 한꺼번에 분출되었다. 아이러니컬하게도 쓰루가시에 있는 '몬쥬'에서 사고가 일어났는데 사고가 난 지 1개월 반이 지난 1996년 1월 23일에, 원전이 집중되어 있는 후쿠시마(福島)현의 사토 에시사쿠 지사, 니이가타(新潟)현의 히라야마 이쿠오 지사, 후쿠이(福井)현의 쿠리타 유키오 지사, 이상 3개 현 지사들은 당시의 내각총리대신 하시모토 류타로(橋本龍太郞) 씨에게 〈금후 원자력정책 진행에 관한 제언〉이라는 문서를 보내면서 일본 역사상 처음이라고 할만한 제언과 요청을 했다.

이 문서는 아주 짧은 것이지만, '국책'이기 때문에 그동안 어쩔 수 없이 원전을 수용해왔던 지역들의 목소리가 분명하게 터져나온 첫 사례로서 중요한 의미가 있다. 지금까지 다타기 시장처럼 개인의 의견으로 또는 단편적인 진정이나 청원으로 지역의 의견을 국가에 제기한 일은 있었지만, 국가의 원자력정책에 대해 이처럼 근본적으로 문제를 제기한 적은 없었다. 더구나 그동안 원자력을 수용하고 추진해온 지역의 현 지사들이 이러한 문제제기를 했다는 것은 그야말로 획기적인 일이라고 할 수 있다. 특히 이것은 지금까지 원전에 대해 반대하는 입장이 아니었던 지사들이 지역주민들의 뜻을 받아들여 낸 성명으로서, 지역이 어떻게 원전을 평가하게 되었는가를 보여주는 중대한 전환점이라고 생각한다. 그 제언을 부분적으로 인용해보자.

 작년 12월 8일, 고속증식로 원형로 몬쥬에서 2차계 나트륨이 누출되어 원자로를 정지시킨 사고가 발생했다. 이것은 핵연료사이클의 핵심인 고속증식로의 안전확보의 근간에 관련된 사고다. 또 정보공개 방법 등 동력로·핵연료개발 사업단이 취한 일련의 대응이 적절치 않아 국민 전체에게 우리나라 원자력개발의 현실에 대해 큰 불안과 불신을 주었다. 우리는 이번 사태를 몬쥬의 안전기술이나 한 지역의 문제에 국한하지 않고 우리나라 원자력정책의 중대한 문제로 인식한다.

그리고 지역문제에 관해 다음과 같이 발언했다.

 이제까지 우리는 국민의 이해가 완전히 충분하지 않은 상태에서 원자력정책·에너지정책에 크게 공헌해왔는데[이것은 자기들에 대해서 얘기하고 있는 것이다], 앞으로 핵연료 리사이클 계획에서 파생되는 갖가지 국책상의 제반 문제에 직면하여 지역주민들의 이해와 협력을 얻을 수 없으며, 오히려 원자력 행정에 대해 불안이나 불신을 조장하리라는 것을 우려하는 바이다.

 이러한 제안이 계속되는 과정에서, 정부당국이 이 문제를 근본적으로 재검토하고 지역주민의 목소리에 귀를 기울이지 않는 한,

그리고 원자력의 장기계획이 전면 재검토되지 않는 한, 앞으로 원자력정책에 순순히 협력할 수 없다는 취지의 발언까지 나오게 되었다.

무엇보다도 이러한 발언이 처음으로 나왔다는 데 큰 의미가 있다고 생각한다. 지금까지는 원전이 '국가정책'이라는 이유로 지자체들이 행정당국에 대해서 반대하지 않았으며, 대신 이러저러한 예산을 좀더 요구하는 정도에 불과했다. 그러나 이제 원자력정책 그 자체를 재검토해야 하며, 그렇지 않으면 지역주민들이 납득할 수 없을 것이라고 자치단체 대표들이 공식적으로 표명하는 상황에 이른 것이다. 아니, 그렇게 말하지 않을 수 없을 만큼 원전에 대한 풀뿌리 주민들의 생각과 태도가 바뀐 것이라고 할 수 있을 것이다.

원자력산업회의에서 기조발제를 하다

3개 현 지사의 제언은 1996년 1월에 있었는데, 그해 8월에는 일본에서 처음으로 니이가타현 마키(巻) 원전건설[22]을 주민투표에 부쳐 반대파가 승리함으로써 사실상 마키 원전계획은 중지되었다. 마키에서 지역주민들은, 원전이 진실로 지역사회에 보탬이 되는가를 철저하게 따졌으며, 결국 원전이 지역에 보탬이 되지 않는다는 결론을 내렸던 것이다.

원전 추진 측은 아예 마키에 들어가 살면서, 원전이 갖다주는 돈

---

22) 마키 원전은 2006년에 착공하여 2012년 운전을 개시할 계획이었다. 그러나 1999년 8월에 마키쵸(町)의 읍장이 원자로 노심 예정지 근처에 있는 공공소유지 일부를 '주민투표를 실행하는 모임'의 회원인 주민 2~3명에게 매각했다.

의 매력에 대해 모든 힘을 다해서 선전을 했고, 원전의 필요성과 안전성에 관한 갖가지 신화들을 되풀이해서 얘기했다. 한번은 지역 심포지움에 나도 초청을 받아 원전을 반대하는 입장에서 의견을 말할 기회가 있었는데, 마키에서 전개된 전력회사 측의 캠페인은 실로 엄청난 것이었다. 많은 돈을 물쓰듯하면서 전기사업연합회는 모든 힘을 기울여 이 작은 지역에서 대대적인 활동을 전개했던 것이다. 그러나 원전을 수용하면 엄청난 지역발전이 있다고 선전했는데도 불구하고, 주민들은 모든 유혹을 뿌리치고 말았다.

마키의 일과 관련해 내가 더욱 인상깊게 기억하는 일은, 다음해인 1997년에 있었다. 4월에 열린 원자력산업회 연차대회에 내가 발제자로 초청받은 것이다. 원자력산업회의와 나는 공동으로 토론회를 하거나 당면한 문제들에 대해서 토론한 일은 있었지만, 연차대회에 초청받는 일은 없었다. 1997년 연차대회에서는 '몬쥬' 사고 이후 마키의 주민투표 등 여러가지 움직임이 있어 원자력의 존재를 재검토하는 과정에서 '원자력의 재평가' 등이 전체 대회의 주제로 선택되었다. 이때, 세가지 정도의 부제목 중의 하나로 '원자력과 지역'이 다루어졌는데, 거기에서 원자력 반대파인 나에게 기조연설을 해달라는 제안이 왔던 것이다.

이런 일 자체가 대단히 큰 역사적 전환을 의미한다. 원자력산업회의에서 처음 교섭이 왔을 때 그쪽에서 제안한 제목은 '원자력시설은 왜 기피시설이라는 말을 듣는가'였다. 내가 적임자냐 하면 꼭 그렇지만도 않았고 오히려 지역에서 실제로 반대운동을 하는 사람이 더 좋을지도 모르겠다고 생각했지만, 어쨌든 이러한 제안을 한다는 것 자체가 어떤 변화를 의미하는 것이라고 할 수 있다. 원자력산업 측이 "원자력시설은 기피시설"이라는 말을 들으면서 사실을 인식하지 않을 수 없게 되었기 때문에 감히 "지역발전을 위한다"는 입에 발린 소리를 더이상 할 수 없게 되었고, 그래서 나에게까지 그러한 제안을 해왔다고 생각한다.

원자력산업회의에서 이러한 제목으로 발제를 의뢰해온 기본적인 목적은 바로 '지역발전'이라는 문제와 관계가 있었다고 생각한다. 원자력산업회의 측에서는 원자력을 받아들이기 쉽게 하려고, 갖가지 명목의 돈을 지급하는 것이 지역발전에 도움이 되고 그것이 원자력산업의 혜택이라고 주장하면서 그동안 원자력시설을 각지에 세워왔던 것이다. 그러나 "그러한 방법은 역시 좀 이상하지 않은가, 사실은 지역발전과는 아무런 관계도 없고 각 지역에서는 오히려 기피시설로 인식하고 있지 않는가", 이러한 점들을 지역주민들은 직접 말하기 어려운 점이 있을지도 모른다고 보고, 이런 상황을 지켜보아온 나에게 발제를 요청한 것이라고 생각한다.

나는 그런 제목으로는 하고 싶은 말을 다 할 수 없을 것 같아서 제목을 바꿨다. '원자력시설을 싫어할만한 이유'라는 제목으로 일곱가지 정도를 말했다. 그 속에서 지역발전에 관한 문제도 언급했으며, 그리고 나서 '지역과 원전' 그리고 이에 관련한 정보공개문제 등에 대해 패널들과 토론했다. 내 발언은 말하자면 패널토론의 서두 발언인 기조발제였는데, 아무튼 1,000명 이상이 모인 원자력산업회의 연차대회에서 나 같은 '반대파'가 발언한다는 것은 역사 이래 처음 있는 일이라는 말을 듣게 되었다.

원자력발전소 유치에서 오는 이득은 무엇인가

지금까지 얘기한 것만으로도 "지역발전에 기여한다"는 신화의 거짓이 드러났다고 생각하지만 좀더 덧붙이겠다.

원자력발전소가 지역을 위해 쓰이는 돈의 '돈줄'이 된다고들 하는데, 그것은 원자력발전소가 아주 큰 시설이기 때문에 처음에 거액의 고정자산세가 지역에 떨어지는 걸 두고 하는 말이다. 그리고 건설과정 및 건설 후 운전 유지를 위해서 어느 정도의 현지 인력을 고용하기 때문에, 고용창출 효과가 있다. 그리고 주변 지역의 상업이나 건설업 등이 번성할 것이라는 기대도 있다.

그러나 이것으로 반드시 충분하지는 않다. 이러한 몇가지 이점이 원자력발전소의 위험성이나 부정적인 이미지, 특히 이번 JCO 사고에서도 경험했지만 원자력시설이 있는 지역주민들의 불안감 등을 해소할 만큼 큰 힘이 되지는 못한다. 그래서 '전원3법 교부금 제도'를 제정해 원자력시설의 크기에 따라서, 또 거기서 생산할 전력의 양에 따라서 법적으로 지역에 일정한 돈을 교부금 또는 보조금으로 지급하게 되었다. 그리고 일본의 원전들은 대개 해안에 건설되어 있어서, 어업권의 소멸에 따른 보상금이 지급된다. '전원3법 교부금 제도'에 의해 대단히 큰돈이 지역에 지급되는 것은 분명하지만, 그 돈은 원자력발전소가 완성되면 더이상 지급되지 않는다.

그래서 다카기 시장도 혜택이 적다고 말했는데, 이처럼 현지에서는 더 많은 돈을 자꾸 바라기 때문에 이러저러한 제도들이 있다. 예를 들면 '핵연료세'라든가, 원전뿐 아니라 전력을 대량생산하는 지역에는 전기요금을 할인해준다거나 해서, 다양한 제도로 지역에 돈을 지급하고 있다.

그런데 각종 데이터에 의하면 그것이 지역에 실제로는 별로 도움이 안된다는 것이 밝혀졌다. 이에 대해서 상세한 분석을 여기에서 하려는 것은 아니지만, 아무튼 원전 자체가 그 지역 주변에 다른 산업을 불러들인다거나 또는 현지 산업을 발전시킨다거나 하는 본래적 의미에서의 '지역발전 효과'는 전혀 없다는 사실은 강조하고 넘어가야겠다. 오히려 역효과만 있다고 말하는 것이 정확할 것이다. 이것이 바로 내가 원자력산업회의의 기조발제에서 말했던 내용인데, 이러한 문제가 진실로 중요하다고 나는 생각한다.

원자력발전소는 엄청나게 큰 시스템인데, 이를테면 1년 예산이 수십억엔 정도 되는 지역에 1기당 4,000~5,000억엔 하는 원전이 몇개씩 세워지면, 그 지역에 원전이 있는 것이 아니라 원전의 한구석에 지역이 붙어있는 것처럼 되어버린다. 극단적인 말 같지만, 여하튼 그러한 구조의 원전의존형 지역이 될 수밖에 없는 것이다. 그렇기 때문에 진정한 의미의 지역발전은 오히려 늦어지고 후퇴하는 측면이 있다.

그런데다가 실제로 돈도, 원전이 준공될 때까지 지급되는 전원3법 교부금이 기본적으로 원전 1기당 합계 수십억엔이 된다. 이런 사정은 시정촌(市町村)뿐만 아니라 도도부(都道府)현까지 그렇다. 그리고 해당 시정촌으로 지급되는 돈 중에서 무엇보다도 가장 큰 것은 고정자산세이다.

고정자산세에 대해서는 '전국 원자력발전소 소재지 시정촌 협

의회'가 작성한 '원자력발전소에 관한 고정자산세 수입'이라는 도표에서 살펴보기로 한다.(그림7-1)

그림을 보면 100만킬로와트 원전을 모델로 해서 계산했을 때, 첫해에 37억엔 정도의 고정자산세가 나온다. 이것은 작은 시정촌에서는 대단히 큰 돈이라는 것을 짐작할 수 있다. 그러나 기본적으로 이 돈은 16년이면 감가상각되기 때문에 고정자산세 수입은 도표에서 보는 바와 같이 아주 빨리 감소된다. 반감되는 때(반감기)는 약 6년 후다.

다시 이 도표를 보면 실제로 고정자산세에 의한 큰 세수입이 있어도 지방교부세라는, 국가에서 지급하는 교부금이 많은 시정촌에서는 세액이 상쇄된다는 것을 알 수 있다. 상쇄되고 남는 고정자산

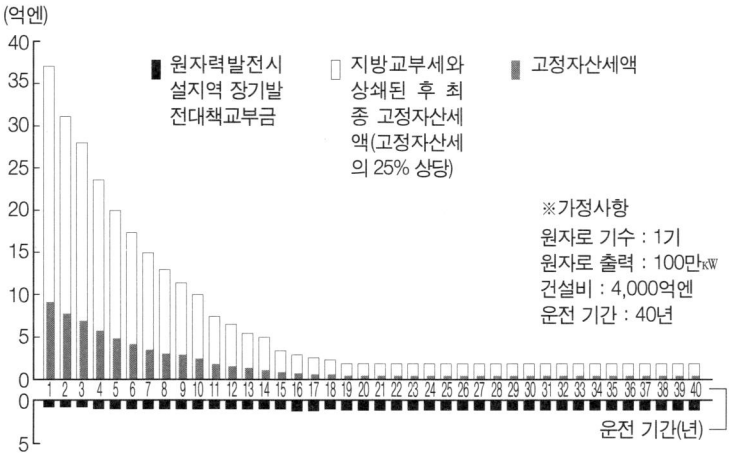

그림7-1 원자력발전소에 관한 고정자산세 수입(단순화 모델)

고정자산의 과세 표준액은 건설비의 70퍼센트로 하고 모두 상각(償却)자산으로 한다.

세액은 고정자산세의 25퍼센트에 상당하니까 실제로는 초년도에도 10억엔 이하가 된다. 원전을 유치했다고 해서 다른 지역과 비교해서 엄청나게 큰 혜택을 보는 것은 아니다.

원전을 유치한 데 대한 혜택이라면 전원3법 교부금으로 원전 건설 당초에 몇가지 시설, 가령 주민회관이나 체육관, 시정촌의 청사 등이 세워지는 데 불과하다고 생각한다. 그러나 앞에서 다카기 시장이 얘기한 바와 같이 지역 도로조차도 충분치 않다. 지역 전체 상황에서 보면, 원전 바로 옆의 훌륭한 도로는 "저건 사고가 났을 때의 피난 도로가 아닌가"라는 말을 들을 정도인 것이다.

원전 도입에 따르는 '마약효과'

아무튼 그렇게 해서 교부금이나 세수입 등으로 시정촌의 재정이 불어나서 특수시설물을 만들게 되면, 그것을 유지해야 한다. 일단 원전이 건설되면 다른 산업이 빠져나가는 경향이 있으므로, 지역을 유지하려면 또다른 원전을 세우지 않으면 안되게 된다. 나는 그래서 이것은 지역발전이 아니라 '마약효과'라고 부른다. 요컨대 "몽땅 잃고 나서 다시 하게 되는" 일종의 도박심리 같은 메커니즘이다. 후쿠시마, 니이가타, 후쿠이 등 3개 현 지사의 제안을 앞에서 소개했었지만, 여기서도 알 수 있듯이 한 자치단체에 이런 식으로 원전이 자꾸만 집중된 것이다. 후쿠시마, 니이가타, 후쿠이 3개 현에만 일본 원전의 약 60퍼센트가 집중된 것이다. 원전 입지의 증가를 보면, 이 3개 현에다가 시즈오카(靜岡)현과 사가(佐賀)현 등이 추가되어 불과 5~6개 현에 세워진 원전이 일본 전체의 약 80퍼센트가 된다. 이렇게 한곳에 집중되는 것은, 다른 곳에서 원전을 거부하기 때문에 한번 받아들인 곳에 자꾸 집중되는 면도 있겠지만, 또하나는 지역에서 볼 때 하나를 받아들이면 '마약효과' 때문에 다음 하나를 또 받아들이지 않으면 그곳을 유지할 수 없는 사정이 있기 때문이다.

최근 통계를 보면 원전이 있는 인구과소지 시정촌의 경우, 원전 건설 당시에는 건설 인구를 포함해서 인구가 일단 증가하지만, 건설이 끝나면 고질적인 인구감소 현상은 결국 해결되지 않은 채 그대로라는 것을 알 수 있다. 원전 유치로는 이 문제가 해결될 수 없는 것이다. 지역과 원전의 문제를 자세하게 살펴보면 아직도 언급할 문제들이 많지만, 아무튼 최근의 상황을 놓고 볼 때 원전을 받아들인 지역들의 처지를 좋게 말할 수 없다는 점은 이미 분명히 밝혀졌다.

여기에 결정타라 할 수 있는 JCO 임계사고가 일어나자, 일본 원자력의 메카라는 토카이무라에서도 원전이나 원자력에 대한 강한 불신감과 거부감이 번져나갔다. 보도에 따르면 토카이무라의 무라카미 타츠야(村上達也) 시장은 "이제 와서 원전을 없앨 수도 없고 원전과 공존할 수밖에 없지만 그렇다고 안이하게 공존할 수도 없는 상황이기 때문에 토카이무라는 '원자력의 메카'라는 간판을 떼버리겠다"는 투로 말했다고 한다. 이것이야말로 "원전은 지역발전에 기여한다"는 신화가 깨졌다는 것을 상징하는 것이다.

그러나 조심하지 않으면 안되는 것이 있다. 그것은 일단 원전을 받아들인 시정촌에서는 '마약효과' 때문에 다시 많은 원전을 받아들이지 않으면 안된다는 것이다. 그래서 몇몇 지역에서는 다시 증설문제가 거론되고 있다. 지금과 같은 상황에서는 원전 증설에 의존할 수밖에 없기 때문에, 원전을 받아들이려고 하는 지역이 없는 것은 아니다.

최근 쓰루가 3, 4호 원자로에 관해서 현지에서는 쓰루가시장이 오케이 사인을 보내기 시작했다는 소식이 들린다. 이는 원전 마약 효과의 위력을 여지없이 보여주는 사례라고 생각한다. 그러나 분명한 것은, 이것은 이미 지역발전과는 무관하게 진행되고 있는 사태라는 사실이다.

제8장
'원자력은 깨끗한 에너지'라는 신화

지구온난화와 원자력발전소

원전에 관한 갖가지 신화 또는 원자력 정당화를 위해서 만들어낸 갖가지 논리가 무너져내리는 과정에서, 마지막에 나타나 아직까지 살아남은, 말하자면 최후의 카드가 '원자력은 청정에너지'라는 신화이다. '청정'의 의미는 1980년대 말부터 문제가 된 지구온난화와 관계가 있다. 특히 이산화탄소 배출에 의한 지구온난화를 방지하는 데는 원전이 좋다고 해서 세계적으로 원자력산업이 강력한 캠페인을 전개한 것이다. 일본의 경우 원자력산업과 일본정부·통산성이 적극적으로 이 신화의 뒤를 밀어주었기 때문에 국가적 규모의 캠페인이 벌어졌다. 이것은 세계적으로는 대단히 이례적인 일이었는데, 국가 단위의 캠페인을 전개하거나 이러한 정책을 채택하는 일은 거의 없었기 때문이다. 이것은 통산성이 어느 정도로 원전을 국책으로 삼으려고 하고 있는가를 나타내는 것이라고 할 수 있다.

석유 중심의 화석연료 소비 증가에 의한 이산화탄소 배출 때문에 지구가 온실화하여 지구적 규모에서 온난화가 일어난다는 논의를 과학적으로 따져나가면 확정적으로 말하기가 대단히 어려운 부분이 있다. 그러나 1980년대 말, 1988년경부터 이것은 미국을 비롯한 각 국가에서 세계적인 공통인식이 되고 있다. 국제적인 과학자들이 조직한 IPCC(기후변동에 관한 정부 간 패널)라는 기후문제 패널에서도 합의에 입각한 예상을 하게 되었고, 온난화 방지를 위해서 온실가스(지구를 온실화하는 효과가 있는 기체)의 발생을 방지할 필요가 있다는 것을 강력하게 주장하게 되었다.

가스 중에서 큰 비중을 차지하는 것은 화석연료 사용에 의해서 발생하는 이산화탄소이다. 정량적 측면에서는 아직 논란의 여지가 있지만, 어느 정도의 이산화탄소 배출이 어느 정도의 온실효과를 가져다주는가 하는 점에서는 확정적인 판단을 할 수 없다. 그러나 일단 이 문제는 접어두고 과연 원전이 지구온난화 방지에 얼마나 이바지하는가에 대해서 검토해보려고 한다.

원전 증설은 이산화탄소 배출을 조장한다

우선 사실에 입각해서 검토하기로 한다. 그림8-1은 이산화탄소의 배출량에 각 산업의 에너지소비 부분이 얼마나 관여하는가를 보여주는 그림이다. 이 그림에 의하면 일본 전체의 이산화탄소 배출량에서 에너지전환 부문이 차지하는 비율은 6.8퍼센트로, 10퍼센트 이하에 불과하다. 에너지전환 부문이란 발전부문을 생각하면 된다. 배출량이 대단히 큰 것은 산업부문, 운수부문 그리고 민생부문 등으로서, 이러한 부문에 의한 이산화탄소 발생이 문제가 된다.

산업부문이나 운수부문 등은 대개의 경우 석유, 석탄, 천연가스 등 화석연료를 동력원이나 열원으로 쓰고 있으므로 이산화탄소는 거기서 나오게 된다.

정부가 온난화 방지를 위해서 화력발전에서 원자력발전으로 전환하자고 하는 것은 다시 말해서 에너지전환 부문인 발전부문에서 이산화탄소 발생을 억제하겠다는 것이다. 그러나 에너지전환 부문

그림8-1 각 산업 에너지소비 부문별 이산화탄소(CO_2) 배출량

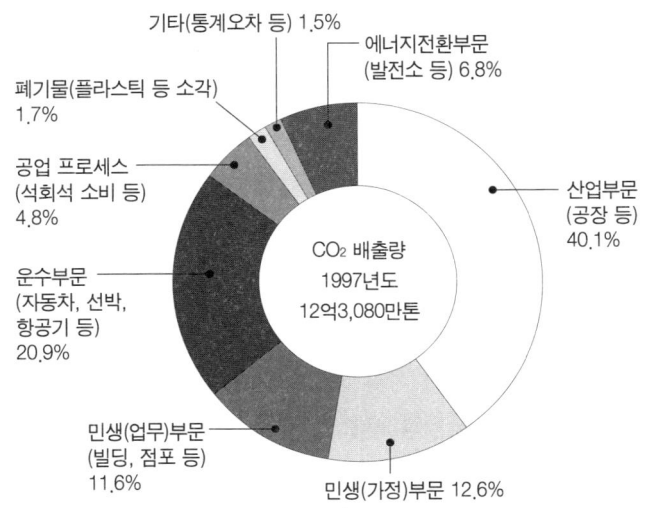

※ 환경청 자료로 작성

자체가 실은 이산화탄소 배출에서 그다지 큰 부분을 차지하지 않고 있다는 사실이 이 그림을 보면 명백해진다. 이것은 연도에 따라서 다소 변화가 있지만 어쨌든 10퍼센트 이하이다. 그러니까 대단히 강력한 원자력 도입정책으로, 가령 2010년까지 20기의 원전을 추가로 도입함으로써, 현재 에너지전환 부문에서 전력생산의 30퍼센트대를 차지하고 있는 원자력의 비율이 이를테면 50퍼센트 가까이 된다 해도 이산화탄소 배출 억제효과는 전체에서 보면 단지 몇 퍼센트에 지나지 않는다. 따라서 그것으로는 전체적으로 이산화탄소 대량 배출형인 이 사회를 크게 전환시킬 수 없다.

실제로 과거의 데이터를 제시하겠다. 그림8-2는 일본의 1차에너지 공급 총량과 이산화탄소 배출량 그리고 원전시설 용량 추이를 나타낸 것이다. 이것을 보면 알 수 있듯이, 원전시설 용량의 증가로 이산화탄소 배출량이 감소된다는 현저한 상관관계는 거의 없다. 그보다도 이산화탄소 배출량은 1차에너지 공급 총량과 상관관계가 있다.

이것은 기본적으로 이산화탄소가 증가하든 하지 않든 오늘의 사회가 석유의존으로 되어있다는 사실을 증명하는 것이다. 특히 이산화탄소의 배출은 운수부문에서 증가되고 있다. 산업부문 등에서 어느 정도 에너지 절약이 진전되어도 이산화탄소 배출량은 그다지 줄어들지 않는 것이 현재의 상황이므로, 원전을 하나둘 늘리는 것보다는 이를테면 자가용 승용차를 타는 횟수를 3회에서 1회로 줄이는 것이 이산화탄소 억제효과가 더 크다는 사실이 최근의 계산에서도 제시되었다. 이러한 사실을 보더라도 원전을 증설하는 게

그림8-2 이산화탄소 배출량과 원전의 설비용량 추이

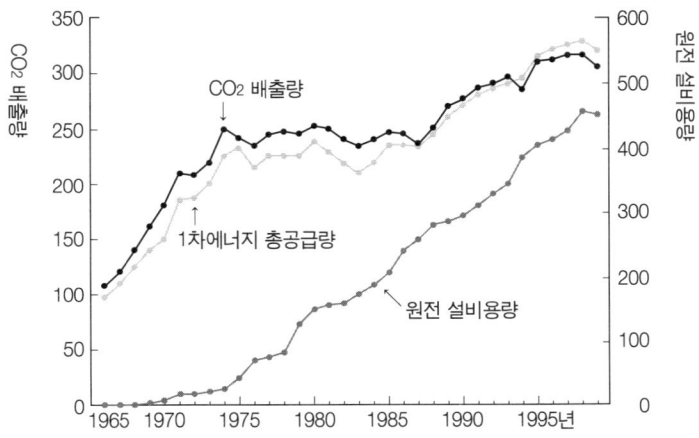

이산화탄소 배출 억제로 이어지지 않는다는 것이 명백하다. 그래서 많은 이들이 원전을 늘리는 정책이 전체적으로 에너지소비와 전력소비를 증대시키는 경향을 조장하고, 이산화탄소 배출을 증대하는 방향으로 나아간다고 생각하고 있다.

전력화율(電力化率) 상승이 가져다주는 것

이것은 원자력의 비율을 늘리면 아무래도 에너지소비에서 전력소비가 차지하는 비율을 늘리지 않으면 안된다고 하는 것을 의미하는 것이다. 1970년대에 비하면 원자력은 확실히 많아졌고, 의존률도 증대했고, 전력 전체에서 차지하는 비율도 지역에 따라서는 40~50퍼센트 가까이 증가했다.

에너지 전체에서 전력으로 소비되는 에너지 비율을 전력화율이라고 하는데, 원자력의 비율이 상승하는 것과 비례하듯이 1970년대는 30퍼센트 정도였던 전력화율이 최근에는 40퍼센트를 넘어 42퍼센트 정도가 되었다. 이것은 일견 사회가 편리하게 된 것같이 생각될지도 모르지만 오히려 원전과 같은 거대설비가 몇개씩이나 신설되고 가동률을 상승시킴으로써 전력이 과잉생산되어 빚어진 결과라고 생각한다. 과잉전력을 소비하기 위해서 갖가지 전력소비 형태가 창출되고, 그로 인해 전력화율이 신장되었다고 봐야 한다.

전력은 에너지 사용형식에서 보면 대단히 사치스러운 형태이다. 아주 편리하고 손끝으로 스위치를 누르기만 하면 무엇이든지 움직이기 시작하고 또 전력은 가정에까지 와있기 때문에 그것을 쓰는 소비자에게는 비교적 위험성이 적은 에너지이다. 그렇지만 그러한 편리성 때문에 낭비 또한 아주 많다.

그리고 전력은 제1장에서도 말한 바와 같이 발전효율이 나쁘고 소비지에 보내는 데도 긴 송전선을 만들어야 하기 때문에 손실을 각오하지 않으면 안된다. 그리고 발전 그 자체를 위해서 연료 운반이나 제조 등 사이클 전체가 에너지 다소비형 구조로 되어있다. 그 때문에 효율이 아주 나쁜 것이다. 전력에너지에 대한 의존이 증대하고 전력소비가 증대한다는 것 자체가 사회를 에너지 과다소비형으로 이끌어가기 때문에, 전체적으로 이산화탄소 발생량을 증대시키는 것이 아닌가 생각한다.

지구온난화를 촉진하는 '청정 신화'

원자력으로 만들어진 전기는 이미 말한 대로 정기검사 때를 제외하면 1년 내내 정격출력(定格出力)으로 전기를 송출하고 있다. 그러나 전력의 소비 면에서 보면 낮과 밤, 그리고 일주일로 보면 주중과 주말, 또 1년 중에는 춘하추동 등 시간대와 계절 등의 변화에 따라서 전력소비량에 큰 차이가 있다. 소비량이 많은 시기와 적은 시기를 비교하면 3 대 1쯤 전력소비가 변화되고 있으며, 특히 생활 주변에서는 주간과 야간 전력소비에 많은 차이가 있다.

원자력은 부하(負荷) 측, 다시 말해서 소비 측의 전력소비 변화에 대응하기 위하여 원전 자체의 출력 조정을 할 수 없다. 예를 들어 100만킬로와트의 원자력발전소라면 낮이나 밤이나, 정기검사 또는 사고로 쉬고 있을 때를 제외하면 1년 내내 100만킬로와트의 출력으로 운전하지 않을 수 없다. 더구나 최고 소비 때에 맞춰서 전력을 유지할 수밖에 없으니까 아무래도 전력 과잉이 된다. 그래서 야간전력이 남아돌게 되고 남는 전기를 싸게 팔지 않으면 안된다.

야간전력을 싸게 살 수 있다는 것은 소비자로서는 좋다고 생각하겠지만 사실 이것은 잉여전력의 처분처를 만들어주는 것이다. 원전에 의한 전력이 증가되면 잉여전력의 소비를 촉진하는 형태로, 즉 아무래도 전력소비 전체를 과다하게 하는 방향으로 나아가지 않을 수 없게 된다. 이것은 물론 지구온난화 방지라는 전체 흐름에서 보면 마이너스가 된다. 더구나 이것도 하나의 결과지만, 잉여전력을 소비하는 수단으로 양수발전소라는 것이 아주 많이 세워지고 있다. 데이터를 보면 수력발전소의 상당한 부분이 양수발전소이다. 양수발전소는 원자력발전에 의해 생산된 잉여전력의 처분처를 만들기 위해서 건설되는 것이나 마찬가지인데, 수력발전소 건설

자체가 환경문제가 될 때도 있다. 또 잉여전력의 처분장을 만드는 일이 전력소비의 증대를 장려하는 데로 이어진다는 것도 문제가 된다.

이것은 하나의 전형적인 예라고 할 수 있다. 즉 원자력발전소와 같은 거대시설의 건설을 증대시키는 것은, 단순히 양수발전소 문제뿐만 아니라 전체적으로 보면 결국 푸른 숲을 훼손시키고 거대한 시설을 만드는 토건개발 붐 — 20세기의 유물이 되어버린 — 을 또다시 촉진하는 것이 된다. 또한 마찬가지로 과거의 유물이 되고 있는 에너지 과다소비 개발형 사회를 부활시키고 따라서 지구온난화도 더욱 촉진하게 되는 것이다. 우리사회가 지향해야 할 방향은 이미 그러한 방향이 아니다. 지금은 오직 에너지 절약과 효율적인 에너지 이용을 위해 노력해야 할 때이다. 즉 유한한 에너지를 어떻게 효율적으로 이용해야 하는가를 생각하고, 그것으로 새로운 풍요사회를 이끌어내는 것이 핵심적인 문제가 된다. 이것과 역행하는 것이 바로 계속적인 원전건설로 온난화를 방지하자는 '원전은 깨끗한 에너지'라는 신화이다.

방사능에 눈을 감은 '청정 신화'의 비과학성

1997년 12월 교토에서 열린 기후변동에 관한 협약 제3차 체결국 회의(COP3)[23], 이른바 온난화 방지 국제회의에서 일본은 온난화 방

---

23) 기후변동의 악영향을 방지하는 국제적인 틀을 만든 조약. 1992년 지구정상회의에서 체결, 1994년 3월부터 발효되었다. 그 다음해부터 해마다 체결국 회의(COP: Conference of the Parties)가 열렸다.

지를 위해 이산화탄소 배출을 6퍼센트 감소하겠다는 약속을 했었는데, 그때 정부는 핵심적인 전략으로 원전 20기 증설을 언명했다.

발전부문에서 이산화탄소 발생량을 억제한다는 것만을 생각할 때 원전이 어느 정도 효과가 있다는 것은 어떤 의미에서는 사실이다. 화력발전소에서 석유를 연소시키는 것보다 원자력발전소에서 우라늄을 연소시키는 편이 확실히 이산화탄소 발생량은 계산상 감소된다.

그러나 화력발전소가 배출하는 폐기물인 이산화탄소와 비교해서 원자력발전소가 배출하는 폐기물인 방사성폐기물(방사능)은 도대체 어떻게 되는가 하는 문제가 제기되지 않을 수 없다. 예를 들어 1그램의 이산화탄소가 배출되는 것과 1베크렐[24]의 방사능이 배출되는 것 중, 어느 쪽이 더 문제인가 하는 것이 환경의 문제로 제대로 다루어지지 않으면 어느 쪽이 더 깨끗한가 하는 얘기도 될 수 없다.

통산성이나 전력회사들은 이산화탄소는 규제해야 한다고 주장하면서도 방사능에 대해서는 아무 말도 하지 않는다. 방사능은 모두 안전하게 가두어놓았으니까 별문제가 없다고 암묵적으로 전제하고 얘기한다. 그렇기 때문에 이산화탄소만 문제삼고 원전이 배출하는 방사능은 부정적인 물질로 다루지 않는다.

이산화탄소와 방사능의 위험도 비교

---

[24] 방사성물질의 양을 나타내는 단위로 기호는 Bq. 숫자가 크면 클수록 방사능이 강하다. 370억베크렐이 1퀴리.

그러나 실제 문제로 들어가서 이산화탄소와 방사능의 위험도를 비교하면 어떠한 결과가 나올까. 우리가 계산한 대략적인 숫자가 있다.

계산은 1킬로와트시를 발전할 때 이산화탄소 발생을 탄소를 기준으로 생각했다. 탄소 발생량은 석유화력, 석탄화력, 천연가스화력 등 발전형태에 따라서 달라지는데 발생량은 석탄이 가장 많고 다음이 석유와 천연가스의 순이다. 이것을 평균하면 화석연료로 1킬로와트시를 발전하는 데 약 200킬로그램의 탄소가 발생한다고 본다. 원전의 경우 우리의 계산은 1킬로와트시 발전하는 데 약 10만베크렐의 방사능이 나온다. 방사능은 시간적으로 차츰 줄어드는데, 원자로에서 꺼낸 다음에 어느 만큼 시간이 지났는가, 또는 원자로를 운전할 때의 방사능 생성량을 따지는가 아니면 꺼내고 나서 어느 기간 저장냉각한 후의 베크렐로 따지는가에 따라서 차이가 나지만, 대충 10만~50만베크렐 사이에서 수십만베크렐의 방사능이 나온다.

이것과 아까 1킬로와트시당 약 200킬로그램의 탄소를 비교해보겠다. 200킬로그램은 20만그램이니까 대충 1그램의 탄소와 1베크렐의 방사능이 대응하는 것으로 비교하게 된다.

1그램의 탄소와 1베크렐의 방사능은 어느 것이 더 위험한가 — 이것을 정확하게 평가하는 것은 사실 대단히 어려운 일이다. 이질적인 것을 비교하는 것이므로 원칙적으로는 불가능하다고 해야 할지도 모른다. 굳이 비교하려면 어느 만큼의 인간 생명이 희생되는가를 추정해서 평가해야 할 것이다. 특히 방사능에 관해서는 가둬둘 수가 없어서 환경 속으로 달아난 것은 어느 정도이고, 사고에 의한 방출의 가능성은 어느 정도인지를 따져 그것을 포함해서 평가하지 않으면 안될 것이다. 대단히 어려운 평가이기는 하지만, 나는 1그램의 탄소보다 1베크렐의 방사능이 위험도가 적어도 동등 이상으로 높다고 생각한다.

단순한 얘기지만, 대체로 수십만베크렐의 방사능이 한 사람의 체내에 들어가면 죽음을 면할 수 없다. 확실히 이것은 허용량 이상의 방사능이기 때문에 하는 말이다. 그런데 적어도 그러한 양의 방사능을 1킬로와트시당 생산하고 있다는 얘기이다.

방출된 방사능이 모두 인체로 들어가는 것은 아니지만, 거대사고에 의해서 방사능이 방출되는 확률로 잠재적인 위험성을 산출할 수는 있다. 그리고 또 원전에서 노동하는 사람이 피폭되거나 하는 '노동자 피폭'의 가능성을 생각해서 위험도를 계산하면 대충 다음과 같다.

일본 전체가 쓰고 있는 전력은 9,000억킬로와트시 정도가 되지만 가령 9,000억킬로와트시의 전력을 전부 원자력으로 바꾼다고 할 때 사고의 위험도 평가와 실제로 현재 일어나고 있는 노동자 피폭의 위험도에서 전체적으로 몇명에서 몇백명쯤의 사람이 죽는다는 계산이 나온다.

이때, 큰 사고는 거의 일어나지 않는다고 생각해서 일상적으로 일어나고 있는 노동자 피폭만 가지고 추정하거나, 노동자 피폭에다 일상적으로 환경으로 새나가는 방사능으로 추정하거나, 또 체르노빌 규모의 거대한 차원의 사고나 좀더 작은 규모의 JCO사고 차원의 사고가 어떠한 확률로 일어난다고 보고 계산하느냐에 따라서 그 범위가 결정된다. 그리고 그러한 사고가 몇년에 한번인지 20년에 한번인지, 또는 1,000년에 한번인지 모른다면, 사고가 일어나는 확률을 어느 정도로 보고 계산하느냐에 따라서 달라진다. 그러한 범위에서 몇명에서 몇백명의 사망자가 해마다 나오는 정도의 위험도라고 할 수 있다. 좀더 불확실성의 범위를 넓게 잡아도 도저히 '깨끗하다'고 말할 수는 없다. 따라서 '원자력은 깨끗한 에너지'라고 하는 것은 역시 하나의 신화일 뿐이다.

차츰 강조되는 에너지 절약

이것은 숫자를 들어서 중언부언할 필요도 없이 거의 모든 사람들이 실제로 느끼고 있는 문제이다. 그 증거로 최근의 여론조사 데이터를 소개하겠다.

그림8-3은 정부 총리부가 1999년 2월에 시행한 여론조사 결과이다. 즉 JCO사고 전의 조사라고 하겠다.

"당신은 지구온난화 방지를 위해서 앞으로 어떤 에너지대책을 강구하는 게 좋다고 생각합니까? 다음 중에서 몇가지 들어주세요"라는 질문에 태양광, 풍력발전 등 신에너지 도입 추진이 67퍼센트, 에너지 절약 추진이 60.5퍼센트, 천연가스 이용 추진 18.4퍼센트 그리고 원자력발전 개발 추진이 14.4퍼센트라고 했다(복수회답 가능). 즉 많은 사람이 에너지 절약과 함께 태양광, 풍력발전 같은 신에너지(재생가능에너지)를 택한 것이다. 이것이야말로 '깨끗한 에너지'이며 바람직한 것이라고 많은 사람들이 이미 생각하고 있는 것

그림8-3 지구온난화 방지대책에 관한 총리부 여론조사
(1999년 2월, 복수회답)

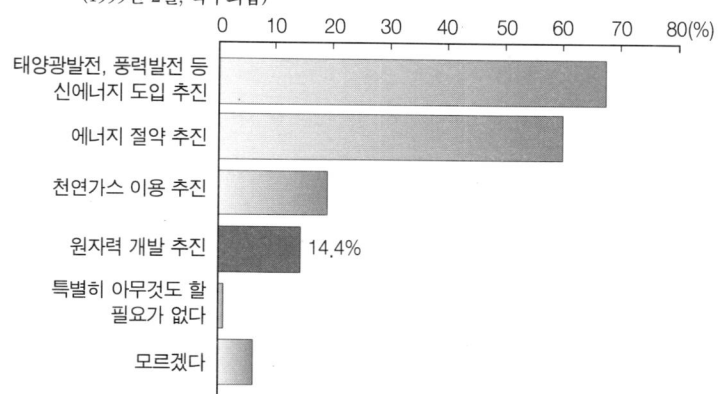

그림8-4 앞으로 중시해야 하는 에너지원에 관한 일본여론조사회 조사
(1999년 7월, 복수회답)

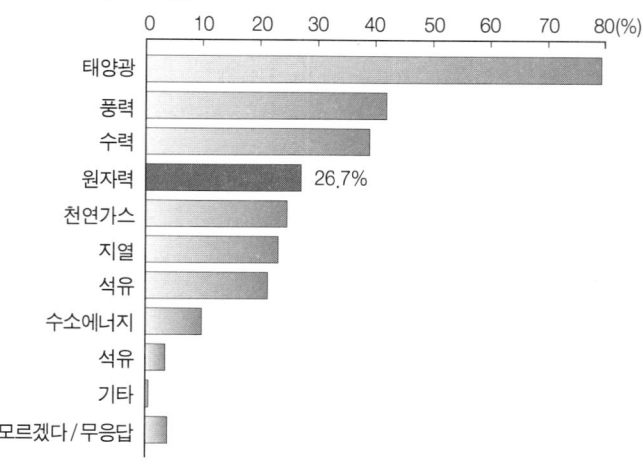

이다. 원자력에 관한 많은 신화가 조작되고 원전 추진이 활발했던 1970년대 정부 여론조사에서는 에너지의 주력으로서 원자력에 대

한 기대가 대체로 60~70퍼센트였던 것을 생각하면, 그 사이 원자력에 대한 일반인들의 기대가 크게 감소했음을 알 수 있다.

그리고 일본 여론조사회가 JCO사고 직전, 1999년 7월에 발표한 조사를 보면 "앞으로 에너지의 주력으로 어떤 것을 기대하는가" 라는 질문에 '원자력발전'이라고 대답한 사람은 26.7퍼센트밖에 안된다(그림8-4). 1980년대부터 90년대 초까지는 원자력이 60퍼센트를 점유할 만큼 큰 기대를 모았었는데 지금은 원자력에 대한 기대가 이만큼 저하된 것이다.

많은 사람들의 기대만큼 재생가능에너지가 힘을 발휘하게 될지는 미지수다. 그것은 기술의 문제라기보다는 사회제도적인 문제라고 하겠다. 이에 대해서는 별도로 생각해야 하겠지만, 어쨌든 그러한 흐름이 차츰 뚜렷해지고 있는 것이다.

최근 이러한 여론조사를 보고 확실하게 판단할 수 있는 것은 많은 사람들이 에너지 절약을 상당히 지향하고 있기 때문에 그것의 추진을 위해서라면 어느 정도 자기생활을 희생하거나 이러저러한 방법을 고안해도 좋다고 생각하고 있다는 것이다. 예를 들어 자동차를 타는 횟수를 줄인다든지, 냉난방의 온도를 적절히 한다든지, 나아가서 환경세를 도입해서라도 지구 전체를 구하는 게 좋다고 생각하는 그러한 에너지 절약 지향이 대단히 강해진 것이다. 그러한 사람들의 지향에 의거해서 구체적인 정책을 세우고, 에너지 절약과 재생가능에너지를 축으로 한 '깨끗한 에너지 정책'의 방향으로 나아가는 것은 누가 생각해도 바람직한 선택이라고 생각한다.

그러나 일본정부는(통산성이나 건설성이나 할 것 없이 모두) 구태의

연하게 건설회사 중심의 공공개발 방향에서 생각하고 있고, 거대 개발을 선호하고 있다. 따라서 그들은 원전을 선호할 수밖에 없으며, 이를 위해 '원자력은 깨끗한 에너지'라는 신화를 이용하고 있다.

이것이 보통사람들의 정서와 얼마나 동떨어져 있는 것인가에 대해서는 더이상 얘기할 필요가 없지만, 정부 스스로도 1997년 12월 교토 COP3 의정서에서 약속한 이산화탄소 감소를 원전 증설을 통해 실현할 수 있다고는 이미 생각하지 않게 되었다. 원전에 대한 거부감이 워낙 강해서 원전을 계획대로 그렇게 많이 세울 수 없다는 현실 때문이기도 하고, 더구나 비용이 너무 많이 든다는 내부사정도 작용했다고 볼 수 있다. 게다가 원전을 그렇게 많이 도입해도 실제로 온난화 방지효과가 없다는 것을 정부에서도 인정하게 된 것이다.

비현실적인 원전 증설계획의 실태

JCO사고가 나고 2000년에 접어들면서 정부는 지금의 원전 중심 에너지정책을 재검토해야 할 필요를 절박하게 생각하고 있다. 정부의 온난화 방지정책의 중심축이었던 원전 증설계획 — 2010년까지 약 20기의 원전을 추가로 건설하고 현재 4,500만킬로와트인 설비용량을 7,000만킬로와트로 늘린다는 등의 정부의 의욕적인 원전 추진정책 — 은 실제로 파탄이 났다는 것을 정부 자신도 인정하지 않을 수 없게 된 것이다. 2010년까지 20기를 증설한다는 것은 최근까지 통산성이 주장하던 계획이었기 때문에 여기서는 '종합 에너지조사회'의 장기전망에 따르는 원자력발전 설비계획의 실태를 살펴보기로 한다.

정부가 그러한 계획을 어떻게 세우고 있는가 하는 것을 보여주는 그림이 있다. 바로 엊그제까지 정부가 말한 것은 그림8-5를 보면 명백하다. 그러나 정부의 공언에도 불구하고 실제로 건설이 진행되는 원전은 얼마 되지 않는다. 하마오카 5호로나 오나가와 3호로 등 실제로 건설이 시작된 곳도 있고 히가시도리 1호로와 같이

그림8-5 일본정부의 원전 증설계획

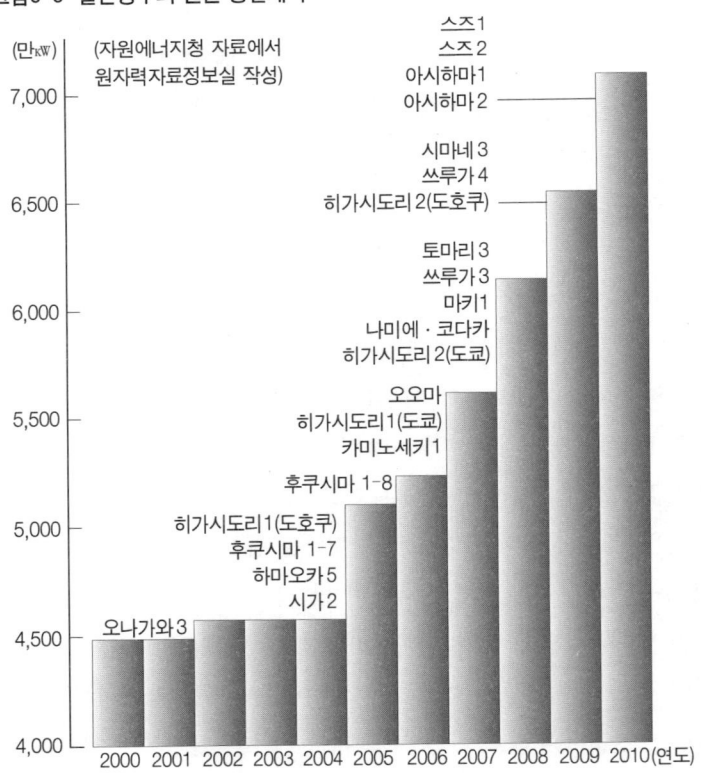

건설이 진행되는 곳도 있지만, 나머지 대부분의 경우 교착상태이거나 거의 무산될 상황이다.

2000년 2월에는 미에(三重)현의 기타가와(北川) 지사가 아시하마 원전도입을 철회하겠다고 밝히고, 츄부(中部)전력도 그것을 승인하는 획기적인 사건이 있었다. 아시하마 원전도 "2010년도까지 20기"라는 계획에 들어있었으므로, 이것만 보아도 그것이 무리한 계획이었음을 알 수 있다. 건설이 전망되는 원전은 2000년 초까지이니까, 그렇다면 아무리 노력해도 5,000만킬로와트 정도밖에 안된다. 좀 무리해서 정부의 예정대로 된다고 생각해도 2007년 말(실제는 2008년까지이지만)까지는 5,600만킬로와트밖에 건설할 수 없다. 그런데 실제로 아직 건설이 결정되지 않은 것이 거의 전부이므로 건설계획이 '전원 개발 조정심의회'를 통과하고 준비가 시작된다고 해도 2008년까지 운전한다는 것은 불가능해서 이 계획 자체가 무리이다. 설혹 가능하다고 해도 그 용량은 5,600만킬로와트밖에 안된다. 7,000만킬로와트까지 이르려면 2008년 초부터 2010년 말까지 3년 동안에 100만킬로와트급의 원자력발전소를 자그마치 12기나 더 세우지 않으면 안된다는 얘기가 된다.

최근 몇년 동안 일거에 원전 수를 늘리려는 계획을 세우고 정부가 온난화 방지대책을 짜맞추기하는 측면도 있다. 주민투표로 실현이 불가능하게 된 마키의 1호로라든가 최근 무산된 아시하마 1호로와 같이, 여기 들어있는 원전은 대부분 실제로 건설 가능성이 희박하다.

나는 2010년도까지 설비용량 5,600만킬로와트조차 달성할 수 없으리라고 생각한다. 그것은 가령 어느 정도까지 계획이 진행된다 해도 그 무렵이 되면 폐로가 되는 원전이 나오리라고 예상되기 때문이다.

한편 2010년 이후 얘기지만, 정부는 온난화 방지대책과 전력의 안정적인 공급을 위해 원전정책을 꾸준히 지속하여 2030년까지 1억킬로와트의 원전건설을 추진하겠다고 주장하고 있다. 그러나 이것은 도대체 당치도 않은 말이다. 왜냐하면 2010년을 경계로 폐로가 되는 원전이 상당수 나오기 때문이다. 폐로가 되는 원전을 보충하면서 1억킬로와트까지 원전을 세우겠다는 얘기는 실제로 매년 2개나 3개의 원전을 세워 2010년경부터 매년 2~3기씩 운전을 개시하지 않으면 도저히 불가능한 얘기이며, 이러한 정부계획대로는 될 수 없는 실정이다.(폐로에 대한 것은 제11장 참조)

전력의 시장경쟁은 '청정 신화'의 숨통을 끊는다

이 계획은 단순한 탁상공론이니까 웃어넘기면 된다고 말하고 싶지만 실제로 그렇지가 않다. 일본의 에너지정책의 기초가 되는 계획 자체가 탁상공론이라면 일본의 온난화 방지정책도, 또한 일본의 전력 안정공급화 정책도 도무지 믿을 수 없다는 얘기가 되기 때문이다. 다시 말해서 완전히 현실과 동떨어진 곳에 정부의 계획이 있다는 얘기가 된다. 그렇다면 이것은 일본국민들에게 대단히 불행한 사태를 초래할 수 있다고 분명하게 말할 수 있다.

실제로 최근 수년간 전력수요가 상승하지 않고 있다. 전력소비가 늘지 않기 때문에 전원(電源)의 증설계획이 많이 철회되고 있다.

2000년 들어 전력사업은 창업 이래 처음으로 적자 기조로 돌아섰다.

단적인 예로 최근에 와서 춘투(春鬪) 때 임금인상이 없는, 지금까지는 없었던 어려운 상황이 되었다. 에너지소비 전체가 증가하지 않기 때문에 전력회사들도 원전뿐 아니라 다른 전원(電源) 설비를 건설할 필요가 없게 된 상황이다.

더군다나 다른 업종이면서 발전설비를 소유한 기업들이 전력사업에 참가하고 있기 때문에, 각 전력회사가 갖고 있는 시장이 축소될 가능성이 있다. 그래서 전력 자체도 더욱 경쟁력이 있는 천연가스 같은 방향으로 기울어지고 있다. 시장경쟁에서는 더욱 조건이 좋은 에너지원으로 당연히 기울어질 수밖에 없다.

사실은 좀더 근본적인 측면에서 '깨끗한 에너지', '재생가능에너지'의 문제가 논의되어야 할 때이지만, 어쨌든 시장경쟁이라는 측면에서도 이미 원자력의 신화가 무너지고 있다는 점을 나는 지적하고 싶다.

제9장
'핵연료는 리사이클할 수 있다'는 신화

절망적인 플루서멀 · MOX계획

"핵연료는 리사이클할 수 있다"는 신화는 제1의 신화 "원자력은 무한한 에너지원"이라는 신화의 각색이라고 할 수 있다. 제2장에서 언급한 바와 같이 원자력으로 엄청나게 많은 에너지를 얻으려면 자원에 한도가 있는 우라늄으로는 안되기 때문에 고속증식로가 필요하다. 그것으로 플루토늄을 왕창 증식해서 연료를 대량으로 만드는 계획에서 고속증식로는 도깨비방망이와 같은 원자로라고 하는 신화, 이를테면 '플루토늄 신화'가 생겨났다는 얘기도 했다. 그러나 고속증식로 계획은 전세계에서 파탄에 이르렀고, 일본에서도 '몬쥬'가 처참한 사고를 일으키면서 그 계획은 거의 파국을 맞았다. 2000년 3월에, 파탄이 난 '몬쥬'를 간신히 이어가려는, 시대의 흐름을 거스르는 무모한 정치적 판결[25]을 후쿠이지방재판소가 내놓았지만 그러한 정치적 판결 여하를 막론하고 이러한 증식로는 실용적인 차원에서는 살아남지 못한다는 것이 명백한 사실이다.

또 지금 일본정부도 그것이 제 역할을 할 수 있다고 생각하지는 않을 것이다. 그래서 플루토늄 신화가 다시 새 모양을 갖추고 살아남으려고 한다는 얘기인데, 그것이 지금부터 얘기하려는 "핵연료는 리사이클할 수 있다"는 신화이다.

핵연료 리사이클을 다른 말로 '플루서멀'이라고도 한다. 원자로의 연료의 흐름을 '핵연료사이클'이라고 하는데, 그러한 흐름에서 사용한 핵연료를 화학처리하여, 다시 말하면 재처리해서 플루토늄을 추출하는 과정이 있다. 그러한 플루토늄을 우라늄과 다시 한번 혼합해서 산화물 형태로 만든 것을 '혼합 산화물 연료', 영어로는 MOX(Mixed Oxide)라고 한다. 이 MOX라는 형태의 연료로 해서 보통의 상업용 원자로, 다시 말해 경수로에서 연소시킨다는 계획을 일본식 영어로 '플루서멀'이라고 하는 것이다.

1999년 9월, 영국의 핵연료 회사 BNFL이 MOX연료 데이터를 날조한 문제, 특히 일본의 다카하마 3, 4호로에서 연소시킬 예정이던 연료의 데이터를 날조했다고 해서 큰 문제가 되었기 때문에 MOX

---

25) 현지 주민이 국가를 상대로 원자로 설치 허가처분의 무효 확인을 청구한 행정소송과 핵연료사이클 개발기구에 대한 건설·운전 중지를 청구한 민사소송 재판의 판결(2000년 3월 22일, 후쿠이지방재판소). 95년 12월의 나트륨 누출사고에 대한 평가가 최대 쟁점이 되었는데 이와타 요시히코(岩田嘉彦) 재판장은 "사고의 원인이 된 온도계의 구조·설계는 안전심사의 대상이 아니다"라고 해서, 국가의 안전심사 타당성을 인정하고 민사소송에서도 '몬쥬'의 위험성을 부정하여 주민의 청구는 기각되었다.

는 악역으로 이름을 날리게 되었다. 게다가 단순한 데이터 날조뿐만 아니라 MOX연료 자체가 엉터리로 만들어졌다는 것이 밝혀졌다. 연료 대신 나사못과 콘크리트 파편 같은 것이 들어있는 연료봉까지 만들어졌고, BNFL에서는 설비 일부가 깨지는 파괴행위가 있는 등 갈피를 잡을 수 없는 스캔들이 있었다. 그러다 보니 MOX라는 말이 자꾸 신문에 나오고, 이 말이 정착된 것이다.

그러한 스캔들 때문에 일본에서 예정되었던 플루서멀 계획은 이 책을 쓰고 있는 지금 단계에서는 동결상태에 있다. 일본정부에서 하는 일이니 또다시 강행하게 될지도 모르지만, 현재 실제로 연료가 제조되었거나 제조과정에 있거나 또는 계획이 진행 중에 있는 것은, 가압수형에서는 다카하마 3, 4호로이고, 비등수형에서는 후쿠시마 제1원전 3호로와 카시와자키 카리와 원전 3호로뿐이다.

정부는 2010년까지 16~18기의 원자로에서 이러한 플루서멀을 실시한다는 청사진을 그리고 있었는데, 정부의 많은 원자로 계획의 청사진과 마찬가지로 이것도 지금에 와서는 거의 가망성이 없게 되었다.

1990년대 중반부터 시작한다던 플루서멀 계획은 현재 2000년이 되었지만 아직도 주저앉은 채 그냥 있다. 경제성도 나쁜 이 계획에 대해서, 지금 같은 '전력 자유화 시대'에 도쿄전력, 간사이전력, 기타 작은 전력회사들이 아무리 정부가 강제한다고 해도 그렇게 간단히 손을 댈 것이라고 기대하기는 어렵다. 설혹 그렇게 된다고 해도 그것은 전시용으로밖에는 안되는 상황에 있다. 다카하마, 후쿠시마, 카시와자키도 그러한 전시용에 불과한 상황에 놓여있다.

이제는 리사이클에서 오는 이익이 없다는 것을 다들 분명히 알고 있으므로, '리사이클 신화'는 깨졌다고 하지 않을 수 없다.

말뿐인 리사이클 계획

왜 '리사이클'이라는 말이 나왔는가 이상하게 생각하는 사람이 있을 것이다. 정부나 전력회사의 입장에서 설명하면 요컨대 사용한 연료, 다시 말해서 일단 원자로에서 연소시킨 연료를 재처리해 플루토늄이라는 연소성분을 추출해서 그것을 다시 한번 원자로에서 연소시킬 수 있는 연료로 만든다는 엉터리 논리이다. '리사이클'이니까 자원의 효율적인 이용이며 미래형 에너지 원료의 제조방법이라는 얘기이다. 더군다나 그렇게 리사이클함으로써 환경에 대한 부하를 없앤다는 말까지 하면서 대단한 환경중시형 에너지정책이라는 것이 이 신화의 근거가 되어있다.

이러한 신화가 진짜로 있을 수 있느냐 하는 마음이 생길지도 모르지만, 고속증식로 신화라든가 플루토늄 신화 등과 같은 신화의 핵심이 무너져버린 단계에서 이러한 새로운 신화가 출현한 것이다. 제8장의 '깨끗한 에너지' 신화와 함께 '환경친화적인 원자력'을 내세울 필요가 있는 원자력산업이나 일본정부가 '리사이클'이라는 말을 붙잡고 이것을 신화화하려고 했다는 얘기이다.

또 한가지 그들이 노린 것은, 종래의 우라늄을 쓰는 원자력산업은 이제 끝이 보이게 됐다는 사정과 관련이 있다고 볼 수 있다. 새로운 일거리가 거의 없어지고 원자로도 더이상 세워지지 않게 되어버린 상황에서, 플루서멀을 함으로써 플루토늄을 중심으로 하는 새로운 산업을 일으켜보자는 의도가 있었기 때문에 이러한 리사이클 신화를 내놓았다는 배경도 있을 것이다. 그러나 조금만 생각해 보면 알 수 있는 일이지만, 애당초 사용한 연료에 들어있는 플루토늄을 리사이클한다고 하더라도 실제로 리사이클되는 양은 얼마 안 된다. 100만킬로와트급 원전이 쓰는 1년치 우라늄 연료는 약 27~30톤 정도가 된다. 그중에 연소되는 부분, 다시 말해서 핵분열성 성분은 구체적으로 플루토늄239와 241이라는 동위원소인데 이것은 100몇십킬로그램에서 200킬로그램 정도이다. 원자 연료의 연소 방법에 따라서 달라지지만 대체로 그 정도의 양이다. 이것은 원료로 사용한 연료의 1퍼센트도 안되는 양이다. 리사이클해도 다시 원자로의 연료로 그 정도의 양밖에는 되돌릴 수 없다. 이러한 것은 보통 리사이클이라고 하지 않는다.

예를 들어 자전거의 리사이클을 생각해보아도 부품의 일부분, 예컨대 타이어라든가 페달을 바꾸거나 경우에 따라서 체인 정도는 바꿀 수 있을지 모르지만 여하간에 자전거의 60~70퍼센트는 그냥 두고 거기다가 어떤 부품을 바꾸어서 자전거를 쓸 수 있게 하는 것을 리사이클이라고 한다.

또 음료수용 페트병의 리사이클이나 신문지 등의 리사이클을 하고 있는데 이 경우에는 그것을 모두 원료의 형태로 만들어가지고 그것으로 다시 한번 병이든 재생지를 만드는 것을 두고 리사이클이라고 한다. 이 경우에도 그 나름대로 에너지 등을 투입하게 되는데 기본적으로 70~80퍼센트를 재생한다. 쓰레기를 너무 많이 내지 않음으로써 환경을 살리고 순환을 한다는 것이 리사이클에 대한 본래 생각이다.

 그런데 원자력의 경우에는 60~70퍼센트를 남겨두는 게 아니라 1퍼센트만 남기고 나머지 99퍼센트를 버리지 않으면 안된다. 더군다나 그중 3~4퍼센트는 방사능 수준이 대단히 높은 방사성폐기물이다. 플루토늄보다 많은 폐기물, 이른바 '죽음의 재'가 나온다. 그리고 남는 것이 타다 남은 우라늄인데 이것은 거의 쓸모가 없기 때문에 일종의 폐기물로 남게 된다. 그러한 물질이기 때문에 원칙적으로 말하면 순환이니 뭐니 할 수 있는 것이 아니다. 아주 적은 부분을 겨우 다시 쓸 수 있을 뿐, 이것을 가지고 리사이클이니 뭐니 할만한 가치가 없는 것이다.

리사이클로 방사능이 증가된다

 MOX연료는 내 전문분야로서, 나는 이에 대해 대규모의 국제적 연구를 수행했고 갖가지 보고서도 썼다. 여기서 자세히 소개할 수는 없지만, 그 연구들 가운데 하나로 플루서멀 계획, 즉 MOX 연소를 하면 어느 만큼 에너지 차원에서 득이 되는가에 대해 연구한 적이 있다. 이를테면 1퍼센트 이하라고 하나, 본래 같으면 내버리는 플루토늄을 재사용하는 것이니까 그것이 가져다주는 연료 절약 효과도 계산상 어느 정도는 있으리라고 생각할 수 있다. 그래서 우리가 맡아서 한 국제연구 IMA프로젝트에서는 이러한 이득에 관해서 연구를 했던 것이다.

 IMA연구의 정식명칭은 'MOX연료의 경수로 이용이 사회에 끼치는 영향에 관한 포괄적 평가'이다. 우리가 이 연구에서 밝혀낸 중요한 한가지는 플루토늄을 추출해서 연소시키는 것은, 안전성의 문제는 논외로 치더라도, 연료자원상의 이득이 전혀 없다는 점이었다. 특히 리사이클에 의해서 환경의 부하를 줄일 수 있다거나 하는 이득이 전혀 없다.

우라늄이 원전의 연료가 되는 과정이 대단히 긴 도정이라는 얘기는 이미 했지만, 사용한 연료를 재처리해서 추출하는 일은 그 과정을 더욱 복잡하게 한다. 플루토늄을 여기저기로 이동시키고 이러저러한 공정을 거쳐서 플루서멀이라는 이름으로 재사용하면 그 과정에서 여러가지 폐기물이 나오는 데다가 그렇게 해서 태운 플루토늄 자체가 결국 최종적으로, 사용한 MOX연료라는 쓰레기가 되어서 남는다. 쓰레기를 줄이는 것이 아니라 이 계획은 오히려 쓰레기를 늘리게 된다. 우리는 쓰레기의 증대에 대해서 우리의 국제적 연구에서 대단히 상세하게 분석하여 데이터를 낸 바 있다.

그리고 나서 이것의 뒤를 이어서 우라늄 연료로 1킬로와트시의 전력을 생산하는 경우와, 우라늄 연료를 한번 써서 1킬로와트시의 전력을 생산하고 거기서 나오는 부산물로 된 플루토늄을 추출해서 우라늄과 섞어서 다시 한번 발전을 하는, 이른바 리사이클을 하는 경우에 어느 쪽이 쓰레기가 많은가를 비교하는 연구도 했다. 후자의 경우 생산된 전력은 처음과 리사이클할 때, 두번이니까 합계 2킬로와트시의 전력이 되는데 1킬로와트시로 환산해서 저준위, 중준위, 고준위의 각종 폐기물 발생량을 비교해보았다. 상세한 계산은 여기서 생략하지만 결국 제일 문제가 되는 고준위폐기물은 리사이클, 다시 말해서 MOX연료를 사용한 플루서멀을 하는 쪽이 우라늄을 한번만 쓰고 그만둔 때와 비교해서, 발전된 전력 1킬로와트시당 나오는 방사능의 양이 증가했다.

리사이클에 의해서 오히려 쓰레기의 양이 증가한다는 뜻이고 보면, 도저히 리사이클이라 할 수 없다. 그리고 더욱 심각한 문제는 단순히 쓰레기가 많아진다는 것보다도, 공정 중에 환경으로 방출되는 방사능이 대단히 많아진다는 점이다.

재처리공장 주변에서 증가하는 소아백혈병

재처리 공정을 살펴보면 재처리공장에서 사용한 핵연료를 화학처리할 때 대단히 많은 방사성물질이 환경으로 방출된다는 것을 알 수 있다. 그런 이유 때문에 세계적으로 그다지 재처리를 하지 않게 되었지만 영국의 핵연료 회사인 BNFL과 프랑스 핵연료 회사 COGEMA, 이 두 회사가 이러저러하게 문제가 되는 대단히 큰 재처리공장을 갖고 있다. 일본의 경우 토카이무라에 재처리공장이 있는데, 여기서는 1997년 아스팔트 고화시설에서 큰 화재폭발 사고가 나는 대소동이 있어서 아직까지 정지상태에 있다. 한편 록카쇼무라에 대규모 재처리공장을 건설 중이라는 것은 이미 잘 알려져 있다.

영국 BNFL의 재처리공장이나 프랑스의 COGEMA의 재처리공장에서는 방사능 방출이 지금도 많고 과거에도 엄청나게 많았기 때문에 그 주변에서는 모두 소아백혈병 환자가 계속 늘어나고 있다. 또 환경 속의 방사능오염 수준이 대단히 높다는 것이 데이터로 제시되고 있다. 사실 방사능이 원인이 돼서 백혈병과 암이 많은가 하는 것은 역사적으로 긴 논쟁이 있었지만, 이러한 시설의 주변에서는 백혈병이나 기타 방사능에 의한 장해가 분명히 많았다는 것은 틀림없는 사실이다. 그것이 어디까지 어떤 방사능에 의해서 어떻게 발생했는가, 그것을 과학적으로 논증할 수 있는가 하는 문제는 현재까지 많은 논란을 일으키고 있다. 과학적으로 완전히 밝혀졌다고 할 수는 없지만 재처리공장 주변 해안의 오염은 상당한 수준이고, 이러한 상황들을 미루어 보건대 백혈병이나 암의 발병이 증가하는 것과 직접적인 연관이 있다는 것을 아무도 부인할 수 없을 것이다.

BNFL은 지금까지 많은 논란의 원인이 되어왔는데, 한때는 벨기에와 아일랜드정부가 BNFL 재처리공장의 조업을 중단하라고 강력하게 항의한 적도 있다. 거기에 MOX연료 스캔들까지 터져서, BNFL이 해체되는 게 아닌가, 이제 재처리를 그만두는 게 아닌가 하는 말이 들리게 되었다. 최근 독일정부와 전력회사가 합의한 내용에도 재처리 폐지가 명기되어 있다.

이런 것을 보아도 재처리는 환경친화적이기는커녕 원자력 시설 중에서 가장 환경적으로 문제가 있는 공정이라는 것이 거의 확실해졌으며 상식이 되었다. 재처리시설이 원전보다도 방사능 방출이 훨씬 크다는 것을 생각한다면, 재처리 과정을 거쳐야 하는 핵연료 사이클은 결코 친환경적이라고 할 수 없으며, 오히려 환경에 커다란 해가 되는 시설이라고 단언할 수 있다. 나아가서 재처리에 관여하는 사람들의 피폭이라든가 배출되는 방사성폐기물의 양으로 보아도 친환경적 시설이 아니라는 것을 알 수 있다. 우리의 연구에서도 그것이 확인되었다고 말할 수 있다.

플루서멀 계획의 실상은 플루토늄 소각 계획

플루서멀 계획이니 MOX계획이니 떠들어대지만 이것은 처음부터 우라늄을 연소시키기 위해서 만든 원자로를 거의 그대로 사용해서 거기서 우라늄에 플루토늄까지 연소시키자는 계획이다. 물리적으로나 화학적으로 다른 특성을 갖는 연료를 사용하기 때문에 안전상 여러가지 문제가 제기되고 있다. 더구나 플루토늄 연료를 만들기 위해서는 재처리공장을 포함해서 여러가지 시설을 만들어야 하는데 그런 면에서 값도 비싸진다.

우리가 2년 동안 진행한 국제적 연구에서는 모든 면에서 MOX의 이득이 없다는 결론에 도달했다.

플루토늄 분리와 MOX의 경수로 이용이라는 노선은 핵연료를 직접 처분한다는 선택지와 비교해서 압도적으로 결함이 있으며, 그것은 산업적 측면, 경제성, 안전보장, 안전성, 폐기물 관리, 사회적인 영향 등 모든 면에서 말할 수 있다. 바꿔 말하면 플루토늄 분리의 계속과 MOX의 경수로 이용 추진에는 이제 아무런 합리적인 이유가 없고 사회적인 이익을 발견할 수도 없다.(《MOX 종합평가》 七つ森書館)

이것이 일본, 독일, 프랑스, 영국 등 4개국의 연구자 9인이 실시한 '국제연구 MOX 종합평가 IMA 연구'의 결론이다. 이 연구에 의해서 핵연료 리사이클의 어리석음을 속속들이 파헤쳤으며 플루서멀 계획을 리사이클이라고 할 수 없다는 것을 확실하게 논증했는데도, 정부는 아직도 이러한 표현을 쓰고 싶어한다. 이것은 최근의 일이지만, 어쨌든 재처리는 유행하지 않게 되었고 플루토늄을 꺼내서 그것을 쓰겠다는 생각에는 극적인 의미가 없어져가고 있다. 세계적으로 원자력발전이 잘되지 않는 상황에서 오히려 우라늄 연료는 시장에서 남아돌게 되어 비교적 싸게 살 수 있게 되었다. 따라서 재처리 등 필요없는 수고를 거쳐서 얼마 안되는 플루토늄을 추출하는 것은 비싸게 먹혀서 아무런 이득이 없는 것이다. 그 결과 플루토늄의 용도가 없어진 것이다.

일본정부가 견지한 지금까지의 방침은, 사용한 연료를 재처리해서 플루토늄을 추출한 후에, 남는 방사성폐기물은 유리와 함께 고형화시켜 일정 기간 방사능을 냉각시키기 위해 저장했다가 최종적으로 지층처분한다는 것이었다. 그러나 이러한 방침을 실행에 옮겨 재처리를 계속하면 플루토늄이 자꾸만 나오게 된다.

이것은 제11장에서 자세히 말하겠는데 플루토늄은 나오면 나온만큼 더욱더 잉여가 된다. 그런데 플루토늄의 잉여를 갖지 않겠다는 것은 일본이 국제공약으로 선언한 바 있다. 플루토늄은 이미 보아온 바와 같이 핵무기의 재료가 되는 물질이기 때문에 잉여로 플루토늄을 갖고 있으면 일본에 그러한 뜻이 있든 없든 간에 국제적으로 핵무기 확산의 원인이 된다는 데 문제가 있다.

따라서 이것을 어딘가에 사용하지 않으면 안된다. 실제로 플루서멀에 강점이 없다는 것은 우리의 연구가 아니더라도 정부 자신도 잘 알고 있는 사실이다. 그런데 재처리를 하는 것만이 기정방침인 것처럼 해놓고 그 다음은 어떻게 하자는 것인지 명확하지 않다.

그렇다면 결국 재처리해서 나오는 플루토늄을 잉여의 상태로 방치할 수 없으니까 잉여를 줄이기 위해서 연료로 태워버리자는 얘기가 되는 것이다.

그러니까 플루토늄 소각계획 때문에 플루서멀 계획이 존속되고 있다는 것이 진상인 셈인데, 곧이곧대로 그렇게 말하면 혐오감을 주게 되니까 '핵연료 리사이클'이라는 이름을 붙여서 어떻게든 어려움을 모면해보자는 것이 신화의 진짜 모습이라고 생각한다. 그러한 것은 신화가 아니라는 말을 들을지도 모르지만, 아무튼 무슨 농담 같은 느낌을 준다. 그래서 최근 들어 정부와 전력산업이 한데 어울려서 사용한 연료의 '중간저장' 같은 것을 생각하게 되었다.

지금까지 리사이클은 재처리를 의무화하고 있었는데 그렇게 되면 플루토늄이 남아서 주체할 수 없게 되니까, 최종적으로 어떻게 할지는 확실하게 정해지지 않았지만 잠정적으로는 저장해두자는 것이다. 지금까지의 법 체계나 전력회사의 시스템 속에서는 사용한 연료는 재처리할 때까지 일시적으로 원전 부지 내의 사용한 연료 풀에 놓아둔다고 했지만, 그 이상에 대한 것은 생각하지 않았던 것이다.

'사용한 연료'를 '리사이클 연료'라고 부르는 어리석은 생각

사용한 연료를 재처리하는 데서 얻어지는 이익이란 것이 없어졌기 때문에, 영국의 재처리공장은 도대체 앞으로 어떻게 될지 모르게 되었다. 일본에서는 록카쇼무라에 재처리공장을 세우고 재처리를 한다는 방침이지만 예상보다 돈이 많이 들어가고 언제 완성될지도 모른다. 더구나 완성된다 해도 경제적으로 비싸게 덕힐 것이 뻔하다. 게다가 잉여 플루토늄이 생기게 되니 재처리 같은 것은 그만두자는 쪽으로 정부방침이 차츰 기울고 있다. 이러한 상황에서 1999년 12월에 원자로 등 규제법의 개정안이 가결되어, 사용한 연료의 '중간저장'이라는 것을 할 수 있게 되었다.

여기서 중간저장이란 20년이나 30년 동안, 사용한 연료를 저장시설 내에 냉각저장하는 것을 말한다. 한동안 일본에서는 풀에 저장하는 방식을 생각하고 있었던 것 같은데, 그 외에도 공랭식(空冷式) 용기에 넣어서 저장하는 건식저장(乾式貯藏)[26]이라는 방식이 있다. 최근에는 그 방향으로 기울어지고 있다고 한다. 이것은 세계적인 추세라고 할 수 있는데, 많은 나라들이 이렇게 저장했다가 사용한 연료를 재처리하지 않고 지층처분한다는 방침을 갖고 있다. 이 방법이 좋은지 나쁜지는 논란이 있겠지만 여하간 재처리하는 것보다는 낫다고 할 수 있다. 그러한 방향이 일본에서도 진행되고 있기 때문에, 재처리해서 플루토늄을 이용하는 방향은 거의 무너져가고 있다. 그렇지만 '사용한 연료'라는 말은 사용이 끝났다는 뜻이 강해서, 그것을 단순히 저장할 뿐이라거나 또는 앞으로 처분만 기다리고 있을 뿐이라고 하면 아무래도 이미지가 나쁘게 되니까, 그래서 '중간저장'이라고 말하는 것이다.

그런데 일본에서는 우선 이러한 저장 후에 아직도 재처리할 생

---

[26] 사용한 연료는 방사성물질의 붕괴열을 냉각시키기 위해서 풀 속에 저장하는 수냉식 저장방식이 채용되어왔다. 이에 대해서, 금속용기에 넣어서 공랭(空冷)으로 보관하는 방식을 건식저장이라고 한다.

각이기 때문에, 본래적인 의미에서는 해외에서 말하는 '중간저장'과는 다르다. 해외의 중간저장은 폐기물의 최종처분을 기다리는 동안의 저장이고 일본은 재처리를 대기하는 잠정적 저장이다. 하기는 어차피 일본에서도 재처리가 연기되고 사용한 연료를 그대로 처분할 가능성도 남아있다.

그러한 움직임 속에서 일본에서는 중간저장시설을 이곳저곳에서 찾고 있다. 최근에는 타네가시마(種子島)에 그 시설을 만들려는 계획이 소문이 나서 크게 문제가 되고 있는데, 그러한 시설을 2~3곳에 만들어서 그러한 곳에 두거나 러시아 같은 데로 가져가려는 계획도 있다고 하는데, 여하튼 어딘가에다 사용한 연료를 저장하겠다는 방침인 것이다.

일본에서 그러한 시설을 찾으려고 할 때, 사용한 연료는 어김없는 핵쓰레기이므로 어느 지역에서나 싫어한다. 산업폐기물도 지금 큰 문제가 되고 있는데 가장 싫어하는 것 중에서도 첫째가는 핵쓰레기를 받아들이려는 지역은 없다. 그래서 전력회사나 정부의 검토회가 생각해낸 것이, 이것도 역시 농담 같은 얘기지만, 이러한 '사용한 연료'를 '리사이클 연료'라고 이름을 붙이자는 것이다. 사용한 연료의 중간저장시설을 리사이클 연료 중간저장시설이라고 하자는 얘기인데, 궁색하다고 할까 무어라고 할까, 어쨌든 그냥 웃어 넘기기에는 참으로 한심한 얘기이다.

여하간 리사이클은 파탄이 났으므로 재처리는 잠시 그만두고 '잠정 저장'이라는 말이 나오게 된 것이다. 그렇지만 사용한 연료의 잠정 저장으로는 단순한 쓰레기 저장이 되어 이미지가 나쁘니까 어쨌든 이것은 리사이클되는 연료라고 말하고 싶어져서, 리사이클 연료 저장시설이라는 말을 쓰고 있다는 것이다. 이렇게 생각하면 '신화'라는 말을 조금은 우스개로 만든 것 같은데, 정부나 전력회사는 이렇게 '신화'까지도 리사이클해서 남겨두려고 하는 것 같다. 여하튼 '리사이클 신화'는 그 자체로도 거의 아무런 의미가 없다는 것이 확실해졌다고 생각한다.

제10장
'일본의 원자력기술은 우수하다'는 신화

미국에서 직수입된 원전기술

"일본의 원전기술은 우수하다"는 신화는 어디에서 왔는가. 그냥 단순하게 "일본의 기술은 우수하다"는 말은 확실히 한때 자주 들어본 것이다. 일본 국내에서뿐만 아니라 다른 나라 사람들도 흔히들 이런 말을 하곤 했다. 일본은 전후(戰後) 부흥 과정에서 '기술력'으로 경제적인 고도성장을 이루어냈다는 말을 들어왔다. 특히 반도체기술이나 그것을 이용한 전자기술 그리고 그것이 다시 마이크로전자기술로 발전되는 과정에서 빚어진 이러한 신화는 대단히 그 뿌리가 깊다고 할 수 있다.

그리고 자동차기술이나 신칸센(新幹線)기술, 기타 기술에서 일본은 대단히 우수하다는 말을 들어왔다. 그러한 흐름 때문에 일본은 원자력기술도 우수하다는 말이 국내에서는 상당히 유포되었던 것이다. 다른 나라에서까지 그런 얘기가 있었는지는 알 수 없지만, 어쨌든 경수로기술에서만은 일본이 우수하다는 것을 구체적인 데이터를 통해 국제적으로 인정받은 것이 사실이다.

예를 들어 일본의 원자로는 문제가 생겨 '긴급 정지' 되는 확률이, 다시 말해서 연간 문제발생률이 1개 원자로에서 0.3~0.4회 정도밖에 안된다. 이것은 그러한 문제가 대체로 1년에 1회 정도 발생하는 기타 외국의 상황과 비교하여 대단히 적기 때문에, 확실히 일본의 원자력기술은 우수하다는 말을 한때 들었던 것이다.

그러나 여러가지 데이터를 비교해볼 때 일본의 원자로가 다른 나라의 원자로보다 특별히 우수한 것은 아니다. 원자력 선진국인 미국, 프랑스, 영국, 독일, 캐나다 등과 비교해보면 거의 비슷비슷하다는 것이 각종 데이터를 통해 내가 얻은 결론이다. 다만 다행스럽게도 오늘까지 일본의 경수로에서 체르노빌이나 스리마일 수준의 큰 사고가 일어나지 않았다는 것은 사실이다. 그러다 보니까 한때 일본의 원자력기술은 우수하다는 신화가 어느 정도는 설득력을 얻은 것인데, 그것은 예컨대 반도체기술 등에서 좋은 평판을 얻고 있는 일본의 국제적인 이미지가 덧씌워진 것이라고 할 수 있다.

그런데 1990년대에 들어와 '몬쥬' 사고가 일어났고, 토카이 재처리공장의 아스팔트 고화시설 사고가 발생한 데다가, JCO사고까지 일어나고 하다 보니, 이제 일본의 원자력기술도 영 체면이 깎이고 말았다. 최근 들어 도대체 일본의 원자력기술은 과연 우수했는가, 우수했다면 어째서 최근에 와서 이처럼 빈번하게 파탄을 초래하였는가 하고 외국의 저널리스트들이 나에게 질문을 던지는 경우가 자주 있다.

　일본 국내에서도 비슷한 논의가 있었다. 반드시 원자력에 국한된 것은 아니지만 예를 들면 1995년 한신·아와지 대지진을 경험하면서 "일본의 기술은 우수하다"는 일반적인 신화 자체가 무너지기 시작했다. 최근에는 신칸센의 터널 콘크리트가 벗겨지는 사고라든가 로켓 발사에서 일어난 일련의 실패 등으로 이러한 신화는 무너져버렸다는 인상이다.

　이러한 것이 과연 신화였던가 하는 논란이 있을 법도 한데, 물론 특정 기술에 관해서는 확실히 일본인은 손끝이 매운 데다가 특유의 치밀성과 근면성까지 더해져 착실하게 일본의 독자적 기술체계를 만들었다고 생각한다. 그러나 원자로 등의 경우에는 특별히 일본의 기술이 우수하다는 것을 보여주는 근거가 사실은 아무것도 없다. 다만 일본의 원자력기술에서 다행스러웠던 것은 오히려 일본이 후진국이었다는 사실이다. 경수로에 관해서 말한다면 주로 그 기술을 미국에서 배웠으며 그것을 그대로 몽땅 도입했다. 미국에서 일어난 이러저러한 문제는 일본에서도 그대로 일어난 셈이므로, 문제를 수리하는 방법, 수습하는 방법 등도 미국에서 직수입해서 여기까지 왔다고 할 수 있다.

　적어도 경수로기술에 관해서는 미국의 성숙한 기술을 상업적으로 견습하고 그대로 도입함으로써 곤란을 면할 수 있었다는 얘기이며, 따라서 이 분야에서 일본의 독자적 기술개발의 우수성은 없었던 것이다. 이것은 결국, 기반이 제대로 확립된 위에서 일본의 원자력산업이 발전한 것이 아니었다는 말이 된다. 어쩌면 이것이 최근 일련의 사고에서 드러난 일본 원자력기술 취약성의 근본원인일지도 모른다.

일본의 독자적 기술 시도는 실패의 연속

생각해보면 일본이 독자적으로 기술개발을 하려고 했던 원자력 분야는 실로 거의 모두 실패했다.

일본에서 시도했다가 실패한 원자력기술 중의 하나로서 원자력선(船) '무쓰' 계획이 있다. 이 배는 만들자마자 중성자선 누출사고가 일어나는 등 문제가 잇따라, 마침내 폐선시키기로 했다. 엄청나게 많은 돈을 들인 계획이었지만 결국 폐선으로 끝이 난 경우였다.

여담이 되겠지만 '무쓰'는 배의 본체를 미쓰이(三井)계의 이시카와지마하리마중공(IHI)이 만들고 동력 부분인 원자로는 미쓰비시중공이 만들었다. 그런데 이 두 부분의 연결이 잘 안돼서 중성자선이 누출되었다고 한다. 그런데 최근에 일어난 H2로켓 사고에서는 로켓 본체를 미쓰비시중공이 만들고 엔진을 IHI가 만들었다고 하는데, 이것도 역시 연계 부분이 잘 맞지 않았다고 한다. 미쓰이와 미쓰비시의 연계 부분에서 큰 사고가 일어나는 문제는 따로 검토할만한 가치가 있다고 본다.

다시 일본의 원자력개발을 살펴보면, 신형전환로(ATR) 계획이 완전히 무너졌다는 것을 언급하지 않을 수 없다. 신형전환로라는 것은 경수로에서 쌓아올린 일본의 기술을 응용해서 동연(動燃) — 현재의 '핵연료사이클 개발기구' — 에서 독자적으로 개발한 '중수감속(重水減速) 경수냉각형(硬水冷却型)' 원자로이다. 이것의 예로서는 원형로 '후겐(普賢)'이라는 원자로가 쓰루가에서 가동되고 있는데, 이것은 대단히 문제가 많은 원자로이다.

'후겐'은 벌써 20년 이상 가동되고 있지만 그 20년 동안의 실적이 너무나 나쁘기 때문에 2003년에는 폐로하기로 결정되었다. 운전 개시에서부터 25년이 지난 지금 미련 없이 폐로 결정이 난 것은 이제 앞길이 막혔기 때문이다. 본래 '후겐'은 원형로이며 장차 그보다 큰 상업로를 만들 예정이었다. 아오모리(青森)현 시모키타(下北)반도 북단에 있는 오오마(大間)라는 곳에 만들려던 것인데, 값이 너무 비싸기 때문에 별 의미가 없다고 전력회사에서 문제제기를 하는 바람에, 일본정부의 계획으로는 보기 드물게 폐기되고 말았다. 이것도 말하자면 일본이 독자적으로 개발하려고 한 기술이었다.

일본의 독자적 개발은 대체로 동연(動燃)이 맡아서 했는데 바로 그 동연이 독자적으로 개발하려고 한 고속증식로 '몬쥬'도 원형로 단계에서 나트륨 누출에 의한 대화재가 일어나는 바람에 체면을 깎이고 말았다.

2000년 3월 22일의 판결로 '몬쥬' 계획 자체는 가까스로 생명을 부지할 수 있었지만 고속증식로 계획에서 볼 때 '몬쥬'는 원형로이고 그 앞길에 실증로(實證爐)가 있고 다시 상업로까지 가지 않으면 실제로 상업적인 계획으로서의 의미는 아무것도 없다. '몬쥬' 자체도 앞으로 다시 움직이게 될지 희망이 없다는 얘기이고 보면, 실증로니 상업로니 하는 단계에 대해서는 이제 전력회사나 정부에서조차 쉽게 손을 댈 수 없는 영역이 되고 말았다. 나는 이제 희망이 없다고 단언해도 좋다고 생각한다. 그렇게 되면 여기서도 동연의 독자적 기술개발은 단절된 것이다.

동연이 또하나 개발해온 기술에 우라늄 농축기술이 있다. 이것은 일본형 원심분리 케스케이드라는 시스템을 이용해서 원전용 농축우라늄을 만드는 기술이다. 이것은 오카야마(岡山)현 닌교토게(人形峠)에 있는 동연의 원형공장에서 실험을 하고, 그 기술을 이용해서 아오모리현 록카쇼무라에 일본원연(日本原燃)이 상업적 규모의 큰 공장을 세웠다.

그런데 이 공장은 7개의 생산라인 중에서 4개가 고장으로 정지되는 등 고장이 대단히 잦은 데다가 그것을 수리하는 데도 시간과 비용이 번번이 적잖이 들고 있다고 한다. 따라서 록카쇼무라 일본원연 공장은 적자가 날 수밖에 없는데, 단가로 계산하면 해외에서 수입하는 우라늄에 비해 엄청나게 비싼 우라늄을 생산하고 있는 것이다. 수입하는 우라늄에 비해 적어도 4배 정도는 비싼 비용으로 농축우라늄을 만들고 있으므로 상업적으로 타산이 맞을 리 없다. 어차피 이대로 가면 공장은 폐쇄될 것이라고들 한다.

그렇지만 공장이 지역에 떨어뜨리는 고정자산세 같은 여러가지가 있으니까 이 돈에 대한 대책 때문에 정지시킬 수 없는 것이 실정이라고 생각한다. 지역과 한 약속 때문에 돈을 들여서 조업을 계속하고 있는 측면이 있을 것이다.

동연(動燃)의 역사는 파탄의 역사

이렇게 보면 일본의 독자적인 원자력개발에서 동연이 가장 중요한 역할을 해왔으며, 그것들이 대부분 실패했다는 것을 분명하게 알 수 있다. 극단적으로 말하면 동연이 오히려 아무것도 안한 것이 낫지 않았을까 하는 생각이 들 정도다. 그만한 돈이라면 차라리 다른 일을 했으면 좋았을 텐데 하는 생각이 들 만큼 동연의 역사는 파탄의 역사였으며, 일본의 독자적인 기술 향상에 조금도 기여하지 못했다.

어떻게 말한다면 일본의 원자력개발에서 개척자적인 역할을 해왔다고 할 수 있을는지 모르지만, 기술의 저변을 튼튼하게 했어야 한다는 의미에서 생각한다면 이러한 시도들은 오히려 마이너스 작용을 했다는 생각이 든다.

예를 들어 JCO사고 등을 살펴보면, 작업을 한 작업원들과 그들을 감독한 상급자들, 회사 시스템, 더구나 그들을 감독한 과학기술청 시스템 등등이 모두 전체적으로 얼마나 엉성하고 초보적이었던가 하고 놀라지 않을 수 없다. 복잡하고 전문적인 것은 접어두고라도 상식적인 차원에서 당연히 알아야 할 것들을 놓치고 있는 것이 많았으며, 일상적으로 조치했어야 할 것들을 제대로 하지 않았다는 생각이 든다. 특히 요즘 와서 너무나 초보적인 실수가 일상적으로, 그것도 지나치리만큼 자주 일어나는 게 아닌가 생각한다. JCO사고보다 먼저 있었던 토카이무라 재처리공장의 아스팔트 고화시설 화재폭발 사고라든가 그 전의 '몬쥬' 나트륨 누출 화재사고 같은 사고에서도 기본적인 부분에서 빈틈이 있었다고 지적할 수 있다.

'몬쥬'에서는 온도계를 씌우는 슬리브(sleeve) 설계에서 아주 초보적인 실수가 있었다. 배관 내측에 설치된 온도계의 슬리브가 나트륨의 흐름 때문에 일어나는 진동으로 부러졌는데, 이것이 나트륨 누설의 원인이었다. 이러한 문제점은 단순 기술자라도 즉각 발견할 수 있을 만큼 단순하고 초보적인 하자이다. 얘기가 나왔으니 말인데 이러한 배관과 온도계의 슬리브 공사를 맡은 것은 도시바·IHI의 미쓰이(三井)계였고, 원자로 본체는 미쓰비시중공이 맡았다. 도대체 일본의 '구 재벌'들의 기술연계는 왜 이런지 모르겠다.

그리고 토카이무라 재처리공장 화재폭발 사고의 경우를 보아도, 작업 담당자들이 제대로 상황을 판단해서 1분간만 물을 뿌리면 진화된다는 것을 알았더라면 드럼통만의 화재로 끝났을 것이다. 그 정도 상황에서라면 폭발까지 가지 않고 간단히 사태를 수습할 수 있었을 것이다.

일련의 사고들을 살펴보면 그러한 기본적인 것들이 전혀 갖추어지지 않았다는 것을 알 수 있다. 이런 데서도 일본의 원자력기술이 기초에서부터 차근차근 다져온 게 아니라는 사실을 새삼스럽게 느끼게 된다. 경수로의 경우, 나무를 쌓아올리듯 하나하나 기술을 축적한 것이 아니라 미국을 중심으로 한 '기성품 기술'과 사고대책 지침서 같은 것을 그냥 사다가 그것을 본떠서 진행해왔기 때문에 이제까지 이러저러한 사고가 있기는 했지만 그래도 스리마일섬이나 체르노빌 수준의 사고가 나지는 않았던 것이다.

특히 동연을 중심으로 한 핵연료사이클 분야에 관한 영역은 전부가 무능하다고 할까 처참한 파탄에 이르고 말았다. 게다가 실제로 실패한 내막들을 살펴보면 모두가 초보적이고 엉성한 문제들 때문이었음을 알게 된다.

실제로 조업하는 사람들도 그렇고 그것을 감독하는 사람들도 그 지경이며, 실로 일본의 원자력기술은 한심하기 짝이 없다고 생각한다. 로켓기술은 내 전문분야가 아니기 때문에 자세한 얘기를 할 수야 없지만 역시 똑같은 말을 할 수 있지 않을까 생각한다.

국제적인 경쟁 속에서 앞으로 더더욱 격차가 생기는 게 아닐까 하는 생각이 들어서 참을 수 없다. 이런 것을 그대로 방치하다가 특히 미국 등과 비교해서 큰 차이가 생기는 게 아닌가 하는 생각이다.

이제까지 나는 9가지 신화에 대해서 얘기했다. 지금 신화화되었던 이러저러한 것들을 모두 깨끗하게 백지로 돌리고 근본으로 되돌아가서 하나에서부터 재점검할 필요를 뼈저리게 느끼고 있다. 이 시기에 재점검하지 않으면 원자력문제뿐만 아니라 국제적인 경쟁, 좀더 직접적으로 얘기하면 미국과의 관계에서 일본은 미국의 지배력에 대해 점점더 대항할 수 없는 상황으로 쫓기게 되지 않겠는가. 이것은 지금 원자력 분야에서 나타나고 있는 현상이기도 하지만, 원자력 분야뿐만 아니라 일본 전체의 문제가 이렇게 되지 않을까 걱정스럽다.

지금까지 말해온 것을 토대로 해서 현재의 원자력문제를 어떻게 생각해야 하는가, 우리가 직면하는 원자력문제는 무엇이며 이제부터 그러한 문제는 어떠한 방향으로 더 심각해질 것인가, 그리고 그러한 문제에 대처하려면 어떻게 해야 할 것인가를 마지막 장(章)에서 얘기하려고 한다.

제11장
원자력문제의 현재와 미래

제1절 원자로의 노후화 증후군
원전의 내용연수(耐用年數)는 어느 정도인가

　이제까지 원자력에 관련된 이러저러한 신화가 붕괴되는 과정에 대해서 지나간 역사를 되돌아보면서 살펴보았다. 이 장(章)에서는 현재 우리 눈앞에 놓여있는 원자력에 관한 문제를 다시한번 정리하고 나서, 미래에 보이는 것은 무엇인가에 대해서 얘기하면서 끝을 맺을까 한다. 이미 우리 눈앞에는 JCO의 커다란 사고가 현실로 있다. 그것이 직접적인 기폭제가 되어서 나는 이 책을 쓰게 되었다. JCO사고에서 보이는 풍경이나 국면에 대해서는 지금까지 많이 얘기했다. 이 책의 마지막 장을 쓰면서 내가 다시 말하고 싶은 것은 JCO라는 하나의 예외적인 사례에 대해서뿐만 아니라 보다

보편적이고 구조적인 원자력의 문제이다. 문제를 네가지로 정리해서 얘기를 펼쳐나가겠다.

맨 처음에 얘기할 문제는 원자로의 노후화이다. 표11-1을 보자. 이것은 2000년 말 현재 수명이 오래된 원전, 운전가동연수가 오래된 원전이 얼마나 되는가를 극히 간단히 정리한 것이다. 어느 정도 가동연수가 오래되고 노후화한 원전 중에서 20년을 넘긴 원전은 2000년 말 현재 21기에 이른다.

이것은 현재 가동 중인 원전 전체 수의 40퍼센트에 육박하는 것이다. 가령 25년을 '가동연수가 긴 원전'으로 치면, 25년 이상이 10기로 약 20퍼센트에 달한다. 그리고 30년 이상의 원전이 3기나 된다. 이 중 1기는 일본에서 가장 먼저 가동을 시작한 토카이 원전인데 그것은 이미 폐로되었기 때문에 현재 가동 중인 원전은 2기이다. 즉 30년 이상 가동되는 원전이 2기, 25년 이상의 원전이 9기, 20년 이상 가동 중인 원전이 20기라는 얘기이다.

이 표에 나타나 있는 원전들은 여러가지 의미에서 노후화에 따르는 문제점이 우려되는 원전들이다. 원전의 노후화와 폐로의 문제에 대해서는 나중에 언급하겠지만 25년, 30년이 되면 원전은 차

표11-1 **일본의 원자로는 이렇게 노후화되었다**

운전을 개시한 시기	운전 수	2000년 말까지의 가동년수
1966~70년	3기	30년 이상 2기
1971~75년	7기	25년 이상 9기
1976~80년	11기	20년 이상 20기

※ 66년에 운전을 개시한 토카이 원전은 98년 3월 30일에 운전을 종료했다.

츰 폐로를 고려하지 않으면 안되게 된다. 지금은 대체로 40년 정도에서 폐로하는 것이 일반적이라고 생각하고 있지만, 그렇게 하면 경제적으로 수지가 안 맞기 때문에 내용연수를 40년에서 60년 정도로까지 연장하고 싶은 생각을 정부나 전력산업 측은 가지고 있다. 그러나 25년에서 30년쯤 되면 여러가지 위험신호가 나타난다. 이런 원전을 무리해서 계속 가동하면 갖가지 사고가 일어나는 것은 당연하다고 할 수 있다. 사람도 그렇지만 보통 기계에서, 예를 들어 자동차라든가 가정에 있는 가전제품들도 연수가 차면 부품에 부식 등이 나타나서 가동률이 떨어진다. 그것을 무리해서 수선하거나 해서 계속 사용하면, 커다란 문제의 원인이 될 수도 있다.

노후화를 '고경년화(高経年化)'라 고쳐 말한 정부

인간도 나이를 먹으면 너무 무리를 할 수 없는 것과 같이 원전도 그렇다고 생각한다. 그저 일반론이 아니라 현재 가동 중인 원전들의 실제 데이터에서도 이미 충분히 우려되는 상황이라는 것을 알 수 있다.

신문보도를 보아도 알 수 있지만 지금 원전에서는 수많은 문제들이 발생한다. '문제들'이라지만 그것은 다양한 차원의 것이다. 아주 사소한 실수 때문에 원전의 출력을 낮춰야 하는 것에서부터 낙뢰(落雷) 때문에 원전의 가동이 정지되는 경우, 조그만 프로그램 실수로 회로에 문제가 생겨서 정지되는 경우, 그리고 연료봉 파손이나 펌프 손상으로 물이 새게 되어 원자로의 안전을 위협하는 문제들도 있다. 그런 것을 일괄해서 사고·고장이라고 하는데 이러한 사고·고장 중에는 법률로 정해진 대로 전력회사가 정부·통산성에 보고해야 하는 것이라든가, 법률에는 규정되지 않았지만 일단 통지로 보고해야 하는 것 등 여러가지가 있다. 그것에 관한 통계를 보면 그러한 차원의 사고가 최근 1~2년 사이에 전보다 상당히 많아졌다는 것을 정부도 인식하고 있다.

표11-2는 1999년에 일어난 원자력발전소의 사고·고장을 일람표로 표시한 것으로서 내가 정리한 것이다. 1999년이니까 99년 4월에서 2000년 3월 말까지인데, 원전의 각종 문제 중에서 예를 들면 낙뢰에 의한 정지라든가 바다에 해파리가 대량으로 발생하는 바람에 어쩔 수 없이 정지시켰다든가 하는 차원의 외인적(外因的)인 것을 제외하고, 원전의 사고·고장만 정리한 것이다.

이런 것은 기본적으로 원전을 구성하는 기기나 배관 등의 손상이나 동작불량에 의한 문제이니까, 기능상의 문제에서 오는 것이라고 할 수 있다. 99년 1년간의 사고 건수가 많은 데 대해서 여러분도 새삼 놀랄 것이라고 생각한다.

게다가 원전의 운전연수와 연관시켜서 이 문제를 보면 명확하게 드러나는 것이 있다. 운전연수가 짧은 원전과 운전연수가 20년이 넘는 원전에서 이러한 사고·고장이 대단히 많다는 사실이다. 사고 내용을 보면 원전을 구성하는 구조물 손상이라든가 금이 갔다든가 부식에 의한 균열로 물이 새는 사고까지 갖가지인데, 이러한 문제는 운전연수가 오래된 원전일수록 많아지고 있다.

일본의 원전은 앞에서도 언급했지만 1965년부터 1996년까지 1년에 2기 정도의 비율로 세워졌다. 그래서 전체를 평균하면 평균

표11-2 1999년도 원자력발전소의 사고 및 고장

년월일	원전 이름	사고 개요	운전연수
1999년 4월 23일	오오이1	연료집합체(2체)의 지지격자 손상(정기검사중)	20
4월 27일	토카이 제2	제어봉 가이드롤러 일부에 금이 간 고장(정기검사중)	20
4월 28일	미하마2	복수기 내로 해수가 새어들어 출력저하	26
5월 25일	토카이 제2	저압노심 스프레이계 주입밸브 개폐용 봉 절손(정기검사중)	20
5월 27일	다카하마4	증기발생 세관(4개)에 손상(정기검사중)	15
6월 11일	토카이 제2	중성자 계측장치의 하우징에 금이 간 고장(정기검사중)	20
6월 14일	시가1	비상용 디젤엔진 샤프트에 금이 간 고장(17㎝)	6
7월 5일	다카하마4	중성자 계측장치의 하우징 1차 냉각수 누수로 원자로 수동정지	15
7월 12일	쓰루가2	재생 열교환기의 연락배관에 관통균열 발생으로 1차 냉각수 대량누수	12
7월 18일	겐카이1	복수기 세관손상	23
7월 28일	카시와자키카리와7	재순환펌프 1대가 정지해서 원자로 수동정지	1
8월 4일	다카하마2	복수기 내에 해수 혼입으로 출력저하	23
8월 20일	후겐	급수펌프에서 냉각수 누출(조정운전중, 500ℓ)	20
8월 25일	센다이1	터빈으로 증기를 보내는 배관밸브가 막혀 원자로 자동정지	15
8월 27일	후쿠시마 제1-1	저압주수계 스파쟈에 균열(15㎝, 정기검사중)	28
10월 18일	후쿠시마 제2-2	재순환펌프의 이상으로 원자로 자동정지	28
10월 29일	후겐	압력관 하부에서 냉각수 누출로 원자로 수동정지	15
11월 25일	오오이1	격납용기 스프레이계 펌프에서 냉각수 누출	20
12월 10일	쓰루가1	슈라우드 서포트에 다수 금이 간 사고(정기검사중)	20
2000년 1월 20일	쓰루가2	가압기 후비탱크 개방판의 개방상태로 1차 냉각수 누출	12
1월 27일	이카타1	해수담수화 장치 자동정지	22
2월 14일	오오이2	복수기 내로 해수가 들어와서 출력저하	21
2월 23일	토카이 제2	급수가열기 전열관 1개 손상(정기검사중)	21
3월 16일	다카하마3	증기발생기(4개) 손상	24
3월 31일	겐카이2	증기발생기 세관(79개) 손상	19

(운전연수 - 영업개시부터 경과 연수)

수명이 16년 전후이고, 대체로 이것이 보통 수명이 된다. 16년쯤 되면 문제를 일으키는 일이 의외로 적고 운전연수가 20년 이상이 되면 문제가 나타나게 된다. 또 초기문제라는 게 있는데, 원전의 가동연수가 비교적 짧은 원전이나 신형 원전에서도 문제가 몇가지 있다. 이것도 주의해야 할 원전이다. 그렇지만 역시 운전연수가 긴 노후화된 원전에 문제가 많아지는 것은 분명한 경향이라고 말할 수 있다.

이처럼 운전연수가 길어진 원전을 나는 '노후화 원전'이라고 부른다. 영어로는 '에이징'이라고 해서 나이를 먹었다는 의미로 쓴다. 그런데 통산성이나 전력회사들은 이 말을 싫어해서 '고경년화(高經年化)' 원전이라고 한다. 그러면 정부의 '고경년화'는 몇년쯤을 말하는 것일까? 엄밀한 것은 확실치 않지만, 아무튼 정부 자신도 지금 일본의 원전들이 고경년화하는 경향이라는 것을 지적하고 있다.

내가 '고경년화'라는 말을 쓰지 않는 것은 그러한 일본말은 사전에 없기 때문이다. 자동차나 다른 기계에서 고경년화라는 말을 들어보지 못했으며, 오래되어서 문제가 많이 생기면 이것은 역시 '노후화'라고 표현하는 것이 당연하다. 정부에서는 유난히 원전문제에서만은 사전에도 없고 보통사람들이 듣도 보도 못한 특별한 말을 쓰는 경우가 많다. 이런 데서도 나는 정부의 구태의연한 원자력정책을 의심하지 않을 수 없다. 여하튼 이처럼 오래된 원전들에 이러저러한 손상이 일어나는 것은 참으로 걱정스러운 일이다.

가압수형 원전의 아킬레스건, 증기발생기

오래되어도 어떤 부품은 계속 신품으로 바꿀 수 있으니까 문제 없다고 생각할지 모르지만 바꿀 수 없는 부품도 있다. 또 노후화에 따라서 큰 구조물도 바꾸지 않으면 안되기 때문에 교환이 대규모 공사가 되는 경우도 있다.

유명한 예로 가압수형 원전에는 증기발생기가 있는데 이것은 1970년부터 미국의 경수로를 도입한 간사이전력이나 큐슈전력 등이 가지고 있는 문제이다. 초기의 가압수형 원전에서는 거의 모든 원전에서 증기발생기의 세관(細管)이 손상을 일으켜서 교환하는 사태가 일어났던 것이다. 증기발생기는 '고래'라는 별명이 있을 정도로 거대한 구조물로서 이것이 원전의 열교환기인데, 이 속에 있는 세관이 대량으로 문제를 일으켜서 교환해야 하는 상황이 초기 가압수형에서 계속되었다.

그 후에도 표11-2에서 보는 바와 같이, 예를 들어 다카하마 원전 4호로 등에서 문제가 일어났었는데, 역시 증기발생기의 세관은 가압수형 원전의 아킬레스건이다. 이처럼 증기발생기와 같은 대형 기기를 통째로 교환해야 할 때도 있는 것이다.

비등수형 원전에서도 대형기기의 교환문제가 있다. 1990년대에 들어와서 흔하게 문제가 된 것은 노심 슈라우드의 교환이다.

그림11-1을 보면 노심 슈라우드란 노심을 둘러싸도록 만든 통과 같은 원통형 대형 구조물이다. 노심의 물을 조절하는 것인데 이러한 구조물에 깨진 데가 많이 생기는 사태가 발생한 것이다. 일시적으로 응급처치를 해서 깨진 데를 쇠붙이로 눌러서 급한 것을 면했지만 그래서는 위험하기 때문에 이것을 교환하는 공사가 진행되

그림11-1 문제가 많은 노심 슈라우드

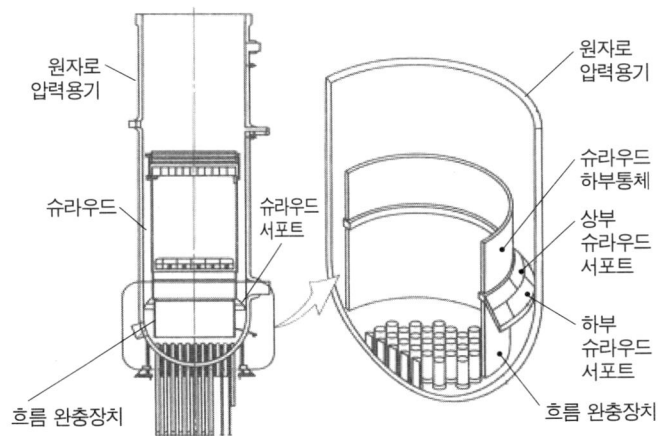

출전 : 〈쓰루가 원전 1호기 슈라우드 서포트 파손에 관해서〉

고 있다. 노심 슈라우드는 노심을 보호하는 역할을 하는 것인데 이것이 붕괴되거나 깨지거나 하면 노심 그 자체의 건전성을 망가뜨리게 된다. 제어봉이 들어가지 않거나 연료의 손상도 예상할 수 있고, 최악의 경우에는 대사고로 발전할 가능성이 높은 대단히 중요한 구조물이다.

이러한 슈라우드의 경우, 오래된 원자로에서는 이러저러한 문제가 있는데 후쿠시마 제1원전 2호로, 3호로 또는 쓰루가 원전의 1호로 등에서는 현재 교환이 진행되고 있다. 1999년 12월에 쓰루가 1호로에서는, 표11-2에도 기록되어 있지만 슈라우드뿐만 아니라 슈라우드 서포트 — 대좌(臺座)라고도 한다 — 라는 부분에서까지 깨진 데가 무수하게 발견된 일이 있었다.

쓰루가 1호로는 대좌는 교환하지 않고 슈라우드만 교환하는 대공사를 하기로 예정되어 있었다. 후쿠시마 제1원전 2호로, 3호로 등에서는 슈라우드가 놓인 대좌 그 자체는 손상되지 않았기 때문에 슈라우드만 새로 교환했는데, 쓰루가에서는 대좌까지 깨졌다는 사실이 드러났다. 손상된 대좌 위에 새로운 슈라우드를 설치하면 이번에는 대좌부터 붕괴되어 노심에서 큰 문제가 일어날 것이라는 예상 때문에 큰 논란이 있었다.

비등수형 원전의 노심 슈라우드나 가압수형 원전의 증기발생기와 같은 대형 구조물은 교환 그 자체도 엄청난 일이지만, 교환했다고 해도 문제가 없어지는 것이 아니다.

이를테면 자동차의 경우, 특히 말썽이 많은 배터리를 바꾼다거나 라이트를 바꾼다거나 엔진을 바꿀 수 있을지도 모른다. 그러나 그렇게 부분적으로 바꿔보아도 자동차 전체가 노후한 경우에는 결국 별무소용인 것이다.

그리고 한부분, 한부분씩 바꿔나가는 공사는 엄청난 경비가 들어가고, 많은 노동자를 노심 내부나 노심 밑에 투입해서 공사를 하게 되므로 노동자의 피폭 등이 문제가 된다. 게다가 그러한 희생을 무릅써도 과연 개선이 되는가 하는 문제가 있다.

우려되는 대사고 가능성

경제적인 면도 문제려니와 내가 걱정하는 것은 역시 안전면이다. 부분적으로 손상된 대형기기를 교환한다고 하지만 원전 전체는 방대한 배관과 밸브의 집합체이다. 밸브는 몇만개나 되고 배관도 총연장이 수킬로미터나 된다. 그러한 거대 구조물의 손상에 부분적인 임시 땜질로 대응하는 수리를 되풀이해서 수명을 연장해보았자 전체로 보면 여기저기가 노후화된다. 그러한 원전을 높은 가동률로 가동시키려는 것이 무엇보다도 걱정스러운 점이다.

원전의 노후화는 일반적으로 압력용기의 취화(脆化), 다시 말해서 압력용기가 어느 정도 물러졌는가로 판단한다. 제일 중요한 방호벽을 나는 핵심부라고 말했지만, 현재 압력용기의 취화는 시험용 조각을 넣고 점검하여 그것이 일정치까지라면 괜찮다는 것으로 판단한다. 그러한 방법 자체에도 문제가 있지만, 압력용기가 일정의 기준을 만족시키는 조건으로 보장된다고 해도, 나머지 부분을 형성하는 무수한 조건에서 실제로 표11-2의 데이터에서 제시된 것과 같은 문제가 늘어나고 있는 것이다.

그리고 하나하나의 손상이 단독으로 일어나는 한 아직은 괜찮지만 그것이 대사고로 발전될 가능성을 부정할 수는 없다. 또 측정기기의 감도라든가 신속한 대응 등도 노후화된 원전에서는 약해져 있을 가능성이 크기 때문에 진짜 대사고가 될 가능성은 있다고 생각한다. 지금부터 2010년까지 사이에, 운전 개시한 지 30년을 넘는 원전이 2기, 5기, 10기로 늘어간다. 그때까지 원전을 그만두지 않으면 40년된 원전이 더욱 증가한다. 그럴 때 큰 원전사고가 일어날 가능성을 나는 진실로 걱정한다. 이러한 원전의 노후화가 다음 제2절에서 검토하는 원자력산업 내부의 이러저러한 문제와 연관되어 일본의 원전이 대사고를 일으킬 가능성은 지금보다도 더 커진다고 나는 생각한다.

사고가 일어난다, 사고가 일어날 것이다 하는 경고의 말을 나는 오늘까지 극력 피해왔다. 그러나 최근에 일본 내부나 외국에서 일어나는 일들을 보면서 지금 이쯤 해서 오늘의 나의 위기의식을 주저하지 말고 명백하게 말해두는 것이 좋지 않을까 생각한다.

제2절 원자력산업의 사양화 증후군

거의 모든 사고가 '내부고발'로 밝혀졌다

내가 제1절에서 얘기한 문제에 대해서 좀더 강조하고 싶은 게 있다. 그것은 최근에 와서 또하나 우리 앞에 두드러지게 나타나고 있는데, 원자력산업에 관련된 데이터를 은폐하거나 날조하거나 또 글귀를 마음대로 고치거나 하는 일이 매우 많아졌다는 사실이다. 이것을 나는 원자력산업의 사양화증후군이라고 감히 말하겠다.

옛날부터 원자력산업에는 이러저러한 비밀주의랄까 데이터를 감추는 체질이 있었다. 그 어떤 문제에 대해서 뭔가 있을 때마다 나도 이러저러하게 해석을 하거나 지적이나 언급을 했었다. 1970년대나 80년대에 비해서 90년대에 들어와서, 특히 95년 '몬쥬' 사고 이후에 그러한 데이터의 은폐나 날조 등 부정(不正)이 질적으로 상당히 달라지지 않았나 생각한다. 이것은 원자력산업의 사양화와 밀접한 관계가 있으며, 어떤 정신적인 퇴폐가 원자력산업 내부에서 일어나고 있기 때문에 그런 것이 아닌가 생각한다.

표11-3은 주로 90년대에 일본에서 나타난 주요한 데이터 은폐

나 글귀 고치기의 사례를 나타낸 것이다. 일부 영국의 핵연료회사(BNFL)의 예도 있지만 이것은 어디까지나 일본의 MOX연료에 관련된 사례들이기 때문에 여기 제시했다. 이것을 보면 95년 '몬쥬' 이후에 이러한 사례가 특히 증가했다는 것을 알 수 있다. 여기서 두드러진 사례만 몇가지 얘기하겠는데, 그중 하나는 — 이것은 어떤 의미에서는 당연한 일이지만 — 예를 들어 사고가 났는데도 없

표11-3 원자력산업의 사양화를 나타내는 주요 부정사례

발각 시기	사고 및 부정의 내용	발각 종류	당사자	부정 시기
1976년 7월	미하마 1호기에서 연료봉 절손사고	내부고발	관서전력	73년 4월
1982년 9월	미하마 1호기에서 증기발생기 세관 손상에 위법 시설공사	내부고발	관서전력	73년~76년
1986년 11월	쓰루가 원전에서의 고장 은폐를 일본원전에 지시	내부고발	자원에너지청	
1989년 11월	노토원전의 기초공사에 데이터 조작된 철근사용	내부고발	오타니제철(주)	
1991년 7월	몬쥬의 배관에 설계 하자	내부고발	동연사업단	
1992년 3월	몬쥬 증기발생기 세관 내에서 탐상장치가 막히는 문제발생	내부고발	동연사업단	91년 5월
1995년 11월	토카이 사업소 플루토늄에 불명량(不明量)	내부고발	동연사업단	
1995년 12월	몬쥬 나트륨 화재사고의 정보 은닉		동연사업단	
1997년 3월	토카이 재처리공장 화재폭발 사고 일련의 정보 은닉		동연사업단	
1997년 9월	원전배관 가열 둔화 데이터 날조	내부고발	히타치엔지니어링·노부마쓰	82년 이래
1998년 10월	사용한 연료수송용기 중성자 차폐재 데이터 날조	내부고발	원전공사	
1999년 9월	MOX연료 검사 데이터 날조	내부고발	BNFL사	96년 이래
1999년 9월 30일	JCO 임계사고		JCO·동연사업단	

는 것처럼 감춰버렸을 때에, 그것이 기업이나 정부 측의 검사 같은 때 발견되고 지적되어 공표된 것이 아니라, 거의 모두 내부고발에 의해서 밝혀졌다는 사실이다.

사고를 은폐하려고 했으므로 만약 내부고발이 없었다면 이들 진상은 밝혀지지 않았을 것이다. 그렇다면 내부고발이 없었던 더 많은 사례가 감춰져 있을 수 있다는 의심을 떨쳐버릴 수 없다. 나도 실제로 직간접의 내부고발로 여기에 없는 몇가지 사례를 더 알고 있지만 결국 뒷받침이 될 물증을 확보하지 못해 사실로 확인할 수 없었다. 여기 표에 기록된 사례들은 이미 사실로서 확인된 것들이다.

사고 은폐, 의도적인 수정 및 날조

내가 문제삼고 싶은 또하나의 경향은 사고 및 곤란한 문제의 은폐라는 차원에다가, 최근에 와서는 데이터의 의도적인 글귀 고치기와 날조라는 단계로 문제가 발전되었다는 것이다. 이러한 문제들은 결코 묵과할 수 없다.

나는 대략 1970년부터 원전문제와 관계를 맺어왔으며 또 일본의 원자력산업과는 60년대부터 관계해왔지만, 원자력산업 내부에서는 어떤 문제가 발생하면 으레 그것을 아주 사소한 문제로 취급해버리고 당국에 보고도 하지 않은 채 어물쩡 넘어가려고 한다. 게다가 보고를 한다고 해도 대개 아주 작은 문제로 축소하여 보고하게 된다. 이러한 은폐는 거의가 당사자 자신에게 불리한 데이터를 숨기려는 작태였다고 생각한다. 안전이라는 차원에서 보면 모든 정보는 공개되지 않으면 안되기 때문에 이것은 물론 결코 용서받을 수 없는 일이지만, 그래도 은폐라는 것은 잘못을 덮어두려고 하는 것이니까 어떻게 보면 누구나 범할 수 있는 행위가 아닌가 생각할 수도 있다.

그렇지만 데이터 날조나 글귀 고치기 같은 문제는 차원이 다른 것이다. 이것은 단순히 불미스런 사고가 일어났기 때문에 그것을 덮어두자는 차원을 정신적으로는 훨씬 넘어서고 있다. 그보다 악질적이고 의도적인 부정행위이며 죄의 질은 더 크다고 생각한다. 게다가 그런 일에 참가한 개인이 부도덕한 때문이 아니라, 기업이 조직적으로 가담했다는 사실이 이제 상당 부분 밝혀졌다.

예를 들어 1997년 3월에 일어난 토카이무라 재처리공장 화재폭발 사고의 경우, 일부 데이터가 감추어지고 인근 주민들에게 성실한 조치를 취하지 않았다는 사실만이 문제가 아니었다. 아스팔트 고화시설에서 화재가 일어났을 때 불을 껐다는 말인데, 그때 불이 완전히 꺼진 것이 확인되지 않았는데도 불이 꺼졌다는 허위보고를 했던 것이다.

그리고 그 후 알게 된 일이지만 같은 동연(動燃)의 토카이 사업소에서 플루토늄 수송용기의 검사를 사실은 하지 않았는데도 검사를 한 것같이 데이터를 날조해서 허위보고를 했다. 사실 데이터 위조 혹은 날조는 '아카츠키마루'호가 플루토늄을 싣고 돌아왔을 당시에도 있었던 것으로, 그때도 나중에 발각되었으니까 사례로 보면 1993~94년경의 일이 된다. 어쨌든간에 검사를 하지 않고 거짓말로 한 것처럼 해서 안전성을 보증하려고 한 것은, 단순한 사고 은폐보다 더욱 죄가 무겁다고 하겠다. 그 후에도 사용한 연료수송 용기의 제조에 관한 데이터를 날조했다든가 원전배관을 가열연장한 데 관한 데이터 날조 등, 일련의 데이터 날조사건이 있었다.

이것은 원자력산업에서 보면 상당한 중증(重症)의 현상으로서, 결국 이러한 문제로 1999년 9월 JCO사고가 일어났다고 할 수 있다. JCO사고에서도 굉장한 엉터리가 있었다. 즉 자신들의 내부지침 등에서 인가되지 않은 공정으로 작업을 하는 등 내브지침조차 벗어난 운영을 하다가 그처럼 어처구니없는 임계사고가 일어난 것이다. 이것도 단순히 사고를 은폐했다는 차원이 아니라, 의도적인 것이며 조작이나 날조 같은 범죄적인 부정행위라고 생각한다. 처음부터 그곳에서는 전혀 죄의식도 없이 일상적으로 일탈행위가 저질러졌던 것인데, 그러한 결과가 임계사고라는 엄청난 사태로 나타났다고 할 수 있다.

게다가 그것과 병행해서 영국의 BNFL에서도 일본의 플루서멀 계획용으로 만든 MOX연료의 데이터를 날조했다는 사실이 밝혀진 것이다. 이러한 데이터 날조는 MOX연료의 최소 단위인 펠릿의 외경 측정검사에서 일어났다. 이것은 안전상 중요한 검사인데 그것이 날조된 것이다. 실제로 검사도 하지 않고 데이터를 딴 데서 갖다가 검사한 것처럼 시늉을 했던 것이다.

마침내 악의에 찬 파괴행위까지 발생했다

MOX연료에 관련된 사건도 내부고발을 통해서 밝혀졌지만, 일본만 문제가 아니라 영국도 이러니 전체적으로 다 문제로구나 하고 생각하고 있었는데, 마침 그때 더욱 심각한 일이 영국에서 터졌다는 소식이 들렸다. 데이터 날조뿐 아니라 검사기준을 느슨하게 해두었다는 것이 드러났고, 급기야는 MOX연료의 연료봉 속에 나사못이나 콘크리트 파편 따위가 섞여있는 것이 발각되기에 이른 것이다.

더구나 이 시설과 인접한 재처리 폐액의 유리고화체 시설에서는 로봇의 팔이 누군가에 의해 의도적으로 파괴되는 일이 벌어졌다. 또 이 시설에 출입하려면 출입증이 있어야 하는데 위조 출입증이 사용되는 등의 사건도 일어났다.

이에 관한 영국의 보도들을 보면 '사보타주'라는 표현이 등장하고, 데이터 날조에 관해서는 '고의적인(deliberate) 행위'라고 언급하고 있다. 사보타주라는 말은 일본에서는 단순히 "농땡이 부린다"라고 해석하는 이가 많을지 모르지만, 영어에서는 '의도적인 파괴행위'라는 의미이다. 그리고 'deliberate'라는 단어는 동사로는 '숙고하다'는 것을 의미하는데, 즉 깊이 생각하고 하는 행위, 단순히 어쩌다가 저지른 실수가 아니라 의도적으로 하는 행위라는 뜻이다. 가령 MOX연료 속에서 나사못이 발견된 문제를 보더라도, 사실 누군가 일부러 거기에 나사못을 집어넣지 않고서는 그런 일이 일어나기 어려운데, 의도적으로 불순물을 집어넣고 검사결과 문제가 일어나면 재미있겠다는, 명백히 나쁜 의도로 이런 일을 저지른 것이 아니겠느냐 하는 것이다. 그것이 원인이 되어 어떤 사고라도 일어나면 아주 재미있겠다고 누군가 생각했을지도 모른다는 것이다. 만약 그렇다면 원자력산업은 모두가 함께 힘을 합쳐서 원자력을 건전하고 안전하게 하려는 사람들에 의해서 이루어지는 것이 아니라, 그것을 내부에서 파괴하려는 사람들이 일을 마지못해 하고 있는 비참한 상황이라는 말이 된다.

JCO사고도 그러한 흐름에서 볼 수 있지 않을까 생각한다. 이것은 단순히 원자력산업에 종사하는 사람들이 악의를 갖고 있다는 얘기가 아니라, 산업 그 자체가 미래에 대한 목표를 잃어버리고 사양화되고 있음을 드러내는 징후라고 볼 수 있다. 비용절감 압력도 워낙 강하기 때문에 이러저러한 감축이 진행되어 노동조건도 좋지 않은 데다가, 원전은 방사능문제가 있어서 위험도가 갈수록 높아지고 있다. 그렇기 때문에 원자력산업은 더이상 예전처럼 모두가 동경하는 산업이 결코 아닌 것이다. 여기다가 교육훈련 부족까지 곁들여져서 참으로 참담한 노동조건이 되고 만 것이 아닌가 생각한다.

그렇지 않다면 데이터의 고의적인 날조 등이 이처럼 광범위하게 전개되는 사태를 설명할 수 없다. JCO사고 후 발표된 정부의 사고조사보고서를 보면 당국도 어느 정도 이러한 문제의 심각성을 인정하고 있음을 알 수 있다. '안전문화의 결여'라든가 '모럴 해저드(moral hazard)'라는 말이 빈번하게 사용되고 있기 때문이다.

원자력산업은 끈 떨어진 연이다

나도 "안전문화가 결여되었다"는 생각을 하긴 하지만, 좀더 근본적인 문제가 있다고 생각한다. 아까도 얘기했지만 사보타주라든가 데이터 날조 등을 보면, 이것은 안전문화 따위의 문제가 아니라 좀더 기본적인 윤리에 관련된 문제이다. 데이터를 마음대로 고쳐 쓰거나 날조하지 않는다는 것은 기술자로서 너무도 당연한 의무이며 기본 중의 기본이다. 이것이 지켜지지 않는다면 애당초 '기술'이란 성립되지 않는다.

예를 들어서 어떤 계산을 한 결과가 1인데 자기가 멋대로 2로 하는 게 좋겠다고 해서 2로 바꾸는 짓을 저질렀다고 한다면 그것은 기술의 원리를 부정하는 것이며, 이런 자세로는 과학기술 그 자체가 성립되지 않는다. 그것은 아무리 원자력산업의 극히 일부에서 일하는 아직 교육훈련이 제대로 되지 않은 사람일지라도, 우선 기초적인 원리로 받아들이지 않으면 안되는 문제이다. 그런데 그런 일이 전적으로 소홀히 되어있다고 한다면 퇴폐의 기운이 이미 상당히 만연되어 있다고 생각하지 않을 수 없다.

이 지경에 이른 사태를 그저 '안전문화의 결여'라고 하는 것이 나에게는 안이한 겉치레처럼 느껴진다. 지금의 상황은 원자력산업이 목표를 상실하고 끈 떨어진 연처럼 되었음을 보여준다. 전체의 구조를 다시 살피고 튼튼한 끈을 다시 달거나 또는 원자력산업 자체를 폐기시키거나 해야 하며, 만약 산업 자체를 중단한다면 그를 위한 현실적인 방법을 구체적으로 생각하지 않으면 안되는 상황이 된 것이다. 원자력산업을 중단하는 일도 엄청나게 어려운 일일 뿐만 아니라, 엄청난 기술과 에너지가 필요하다. 그리고 그렇게 하려면 그야말로 엄청난 안전문화가 필요해진다.

나는 '안전문화'라고 할 바에는 오히려 원자력산업이 그동안 남겨놓은 '부정적인 유산'에 어떻게 종지부를 찍을 것인가를 생각하면서 안전문화를 빈틈없이 논의하고 확립시키지 않으면 안된다고 생각한다. 그저 안전, 안전 하면서 안전교육을 해도 문제는 결코 해결되지 않는다.

여기서 좋은 예가 있다. 1995년 '몬쥬' 사고가 나고 97년에 다시 토카이 재처리공장 사고가 일어나는 사이에 동연(動燃)은 '안전문화'를 위해서 '훈련'을 다시 한다는 명목으로 관련 직원들에게 의식교육을 나름대로 상당히 철저하게 시켰을 것이다. 그러나 그러면서도 한편으로는 동연 내부에서 데이터 조작 등을 저질렀고 크고 작은 실수에 의한 사고가 꼬리를 물고 일어났다. 똑같은 일들이 되풀이되는 상황을 깊이있게 생각해보면 알 수 있지만, '안전문화'라고 하는 것은 근본적인 구조전환이 없으면 불가능한 것임을 이제 와서 알게 된 것이다.

제3절 폐로 시대의 여러가지 문제

비용과 안전성 사이에서

원전의 노후화가 전반적으로 진행되고 있다는 얘기는 이미 했다. 2010년을 기준으로 하면, 그때까지 운전을 계속한다면 운전연수가 40년을 넘는 원전이 몇개 나올 것이고 30년을 넘는 원전이 10기 이상 나올 것이다. 그때가 되면 차츰 그만두지 않을 수 없게 된다고 생각한다. 그래서 당연히 '폐로'라는 문제를 생각하지 않을 수 없는 것이다.

정부는 원전의 수명을 당초 40년 정도로 상정해왔는데, 새 원전이 더이상 건설되지 않고 있는 상황과 이제까지의 가동실적을 생각하면 원전의 수명을 앞으로 20년 정도 연장할 수 있을 것이라는 말을 하기 시작했다. 전력회사들에게도 그러한 방향에서 이러저러한 점검을 하게 하고, 실제로 그것이 가능하다는 보고서를 내도록 하고 있다. 물론 이것은 일반적인 보고서일 뿐, 구체적으로 하나하나의 원전이 앞으로의 운전 상황에서 60년 동안 가동할 수 있게 한다는 얘기는 아니다. 그러나 이것은 대단히 경계해야 할 상황이 아닐 수 없다.

왜냐하면 정부가 말하는 고경년화(高経年化), 내가 말하는 노후화가 점점 진행되고 있기 때문이다. 운전연수가 30년 이상 된 원전은 상당히 노후화되었다고 볼 수 있으며, 이미 데이터에서 본 바와 같이 크고 작은 문제들이 계속 증가하고 있다. 이것이 40년 이상 되면 문제가 더욱 늘어날 것이라는 것은 불을 보듯 뻔하다. 그러한 상황에서 운전을 계속하면 뜻밖의 문제들을 일으키고 대사고로 이어질 가능성이 높아지므로 대단히 두려운 일이다.

이러한 계획은 새 원전이 여간해서 추가로 건설되지 않는 현 상황에서 지금 있는 원전의 수명을 연장하려는 정부의 에너지정책과 함께, 새 원전을 만들면 대단히 큰돈이 들어가서 전력자유화시대에 살아남지 못하게 되므로 기왕의 오래된 원전을 장기간 가동시켜 생산비용을 낮추고 싶은 전력회사들의 사정과 맞물려 있는 것이다. 특히 원전은 원료비보다 자본비용이 높기 때문에 일단 건설된 원전을 오랫동안 사용하면 비용 면에서 상대적으로 싸게 먹히게 된다. 그렇기는 해도 가동률이 저하되거나 이러저러한 문제로 수리비용이 들어가게 되면 비용 면에서 과연 지탱할 수 있을지는 미지수이다. 그러나 무엇보다도 내가 문제를 삼고 있는 것은 비용 문제가 아니라 안전성의 문제이다.

그리고 또 한가지, 정부나 전력회사 측으로서는 폐로시키는 데도 상당한 돈이 들어간다는 것도 문제이다. 가능한 한 오랫동안 가동시키면 저비용으로 버틸 수 있지만, 30년이나 40년에서 원전을 그만두지 않으면 안되어 그것을 폐로처분하게 되면 이것은 또다시 엄청난 경제적 부담이 된다.

원자로의 수명은 30년

여기서 원전 폐로에 관한 일본정부의 방침을 설명해두겠다. 정부의 방침은 영원히 방사능을 가두어두고 그곳에다가 원전의 무덤을 만들어서 관리하는 것이 아니라, 완전히 원전을 해체하고 다시 그 자리에 새 원전을 세운다는 생각을 채용하고 있다.

그러한 생각에 기초해서 일본동력시험로(JPDR)를 이용해서 해체처분 시험을 하고 있다. 토카이무라에 있는 JPDR은 1963년에 일본 원자력연구소에서 일본 최초의 발전(發電)에 성공한 원자로인데, 이것은 상업로가 아니다. 해체처분 시험에서는 오늘까지 로봇과 상당한 인력을 투입해서 원전의 외부 구조물을 포함해 내부 구조물까지, 원전 전체를 해체하고 있다. 이렇게 해서 그곳을 부지로 다시 한번 원전을 세울 수 있다는 생각인데, 이러한 방침은 일본에서 원전을 다른 곳에 증설할 여지가 여간해서 없으므로 "토지의 효율적인 이용을 위해서" 필요하다는 것이며, 이것이 정부의 방침이자 정책으로 되어있는 것이다. 이러한 방침의 배경에는 가능한 한 원전의 수명을 연장하겠다는 의향이 깔려있다.

폐로가 된 후에는 적어도 10년 정도의 냉각기간이 필요하며, 해체작업에는 7~8년에서 10년쯤 걸리게 되고, 다시 그곳에 수년이 걸려서 새 원전을 세운다는 것이다. 따라서 폐로가 결정되고 그 자리에 실제로 원전을 다시 세우려면 25~26년, 많게는 30년쯤 걸리게 된다. 대단히 긴 시간인데, 여하튼 일본정부는 그렇게 생각하고 있다.

그렇지만 정부가 말하듯이 원전이 60년 동안 지탱할 수 있을까. 그것은 안전문제를 도외시한 채 어느 한도까지 운전을 할 수 있는가에도 달려있지만, 사실 아무리 애를 써도 가동률이 오르지 않으면 그만둘 수밖에 없다.

가령 심하게 덜커덩거리는 자동차를 몰고 다니다가 간혹 안전검사를 받아 가까스로 통과된다 하더라도 실제로는 늘 고장이 나서 수리를 맡기게 된다거나 연료비가 아주 많이 들고, 게다가 승차감까지 엉망이 된다면 결국 폐차시킬 수밖에 없는 노릇이다. 원자력도 마찬가지다. 더구나 이것은 경제성을 따지는 장사이므로, 안전면은 별도로 생각한다고 해도 언젠가 그만두지 않을 수 없게 된다.

그렇기 때문에 일본에서 최초의 발전(發電)을 했던 토카이 원전은 운전 개시 32년 만에 폐로처분한 것이다. 그리고 또 보통 경수로와는 다르지만 동연(動燃)이 개발한 '후겐'이라는 신형 전환로도 2003년에는 폐로하겠다고 한다. 이것도 운전 개시부터 25년 정도에서 폐로가 되는 셈이다. 세계적으로 원전의 폐로 상황을 보더라도, 실제 40년씩 운전한 원전은 없다. 거의 대부분 20년에서 30년 정도인 것으로 보아, 대략 30년쯤 해서 폐로시키는 것이 안전상·경제상 타당하지 않을까 생각한다.

독일에서는 1990년 사회민주당과 녹색당의 연립정권이 서고 나서 기본적으로 탈원전 합의가 성립되었다. 그리고 2000년 6월 15일 원전 전폐(全廢)를 정부와 전력회사가 합의했다는 얘기는 서장에서 소개한 대로이다. 원전을 전제로 해서 움직이는 산업기반을 전면적으로 전환하는 것은 물론 어렵겠지만, 원전의 수명을 32년으로 볼 때 그것이 가능하다는 판단에 도달한 것이다. 본래 원전 즉각 폐지를 요구하던 녹색당은 연립정권의 정책을 6월 23일 당대회에서 승인했다. 이것은 원전 반대파, 특히 즉각적인 탈원전파의 입장에서 보면 많이 타협한 안이지만 당 소속의 트리틴 환경부장관이 이번 합의를 '역사적 성과'라고 강조하면서 당내 반대파를 누른 것 같다. 그리고 이번 합의에는 재처리 폐지가 명기되어 있다. 이것은 원전 반대파의 명백한 승리이다.

여하간에 독일에서는 앞으로 길어야 30년 안에 원전을 폐로시킨다는 데 전력회사와 정부 간에 합의가 이루어진 것이다. 여기서 30년이라는 시간은 어느 정도 타당하다고 생각한다.

지금이야말로 '탈원전'을 요구할 때

가령 원전의 수명을 40년으로 볼 때 — 기껏 그래봤자 별로 달라지는 것은 없다고 나는 생각하지만 — 일본의 원전은 어떻게 될 것인가를 나타낸 것이 그림11-2이다.

이 그림의 (a)부분은 일본의 원전이 늘어나서 1990년대 중반에 대체로 포화상태에 도달하고 2010년경까지 이번에는 폐로가 늘어나면서 2030년 이후가 되면 지금까지 만들어진 원전이 거의 대부분 폐로가 된다는 상황을 보여준다.

여기서는 원전의 숫자가 아니라 설비용량으로 되어있는데, 1기당 평균 80만킬로와트에서 100만킬로와트로 잡고 보면 된다. 세로축은 설비용량을 '기가와트'로 표현한 것으로서, 기수와 대체로 비례한다고 생각하면 세로축 눈금은 기수와 거의 같은 것이 된다.

가령 정부가 말하는 대로 2010년에 7,000만킬로와트, 2030년에

그림11-2 원전에 의한 전력 설비용량과 향후 계획

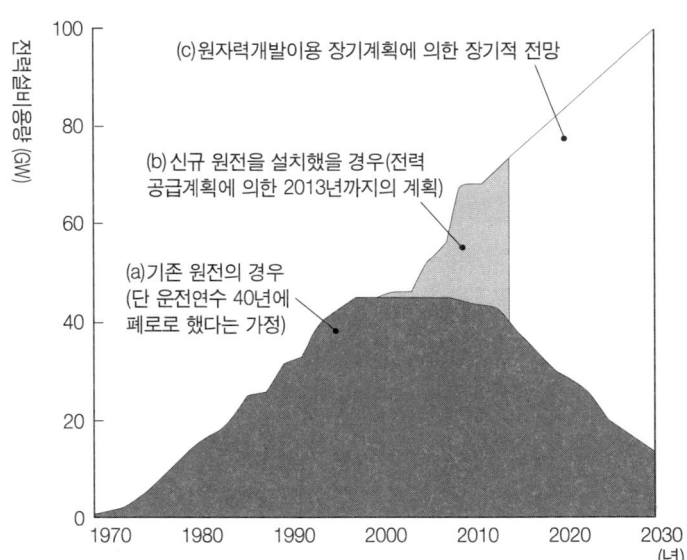

1억킬로와트라는 설비용량 계획을 달성하려면, 폐로가 되어 원전의 수가 줄어드는 것을 생각하지 않으면 안되기 때문에, 이 그림에 있는 (b)(c)부분만큼 원전을 매년 세워 설비용량을 늘려가지 않으면 안된다.

그것은 지금 상황에서 거의 불가능한 계획이라는 것은 이미 얘기했다. 아까도 말했지만 일단 폐로가 된 후에 원전을 다시 세운다 해도 거기에 소요되는 시간은 폐로가 결정된 후부터 30년쯤 걸리기 때문에 실제는 이 그림과 같이 될 수가 없다. 그렇게 볼 때 (b)(c)부분은 정부의 탁상공론에 불과한 것이다. 실제는 (a)부분처럼 원전은 감소된다. 그 시기에 다소 차이는 있더라도, 어쨌든 일본의 원자력은 설비용량이 증가하는 방향으로 나아가지 않고, 역사적인 필연으로 감소하지 않을 수 없다.

요컨대 앞으로 원전 반대론과 추진론의 힘 관계와는 거의 상관없이 원전의 수는 줄어들 것이다. 그러한 의미에서도 원자력산업은 사양산업, 쇠퇴산업이 될 것이다. 대단히 근본적인 변화, 가령 독일처럼 정권이 바뀌어서 탈원전을 명확하게 밝히게 되는 그러한 규모의 변화가 굳이 일어나지 않더라도, 전체 전력에서 원자력이 차지하는 비율이 차츰 줄어들게 될 것은 불을 보듯 뻔하다. 현실을 냉정하게 본다면 원자력의 중요성이 점점더 떨어지리라는 것은 분명하다.

현실이 그렇다면 오히려 그러한 현실에 맞춰서 냉정하게 대비하는 것이 옳을 것이다. 즉 원전시대가 끝나고 도래할 '폐로의 시대'에 대비해야만 할 것이다. 지금 우리는 원자력에 의존하지 않는 에너지정책을 될 수 있는 대로 신속하게 세우고 그것을 실현해나가야 한다. 한시라도 빨리, 더욱 적극적으로 탈원전과 함께 안정적인 에너지정책을 수립하고 실현시킬 수 있어야 할 것이다. 이것은 원전이 좋다 나쁘다, 또는 좋아한다 싫어한다 하는 차원을 넘어, 냉정하고 합리적인 에너지를 선택하는 문제이다. 이러한 전체적 상황을 볼 수 있다면 한시라도 빨리 탈원전을 결단하고 다음 상황에 대비하는 것이 옳다는 얘기이다.

그러한 대비방법에 관한 논의는 에너지정책의 문제이므로 이 책에서 전면적으로 다룰 수는 없을 것이다. 그리고 이 문제에 대해서는 이미 많은 책들이 나와있다. 이와 관련된 책들을 살펴보면 외국의 에너지정책 사례들을 많이 소개하고 있는데, 특히 에너지 절약을 지향하고 에너지 효율을 높일 것, 불필요한 전력소비를 줄일 것, 재생가능에너지를 개발할 것 등이 강조된다. 재생가능에너지 중에서는 현재 가장 현실적이고 효율적인 방안으로 풍력(風力)이 주목받고 있다.

화석연료도 천연가스 중심으로 바꿔가면서 차츰 수소에너지 사용 쪽으로 가게 될 것이다. 또 연료전지기술이 지금 한창 구체적으로 논의되고 있으며 앞으로도 기술적인 모색들이 꾸준히 있을 수 있다고 생각한다. 어쨌든 그러한 방향에서 탈원전시대에 대비하는 것이 중요하다.

이러한 움직임은 이미 일본뿐만 아니라 서구의 '원자력 선진국'들 어디에서나 일어나고 있다. 나라에 따라서 탈원자력 발전을 법으로 규정한 경우도 있으며, 국민투표로 이를 결정한 나라도 있다.

원전을 반대하는 정권이 들어선 나라도 있고 그렇지 않은 나라들도 있지만, 어쨌든 구미 각국에서는 이제 더이상 새로운 원전을 세우는 경향은 없다. 모두들 기본적으로 40년 정도로 원전의 수명을 보고 그에 따라 앞으로 원전이 감소될 것을 전제로 에너지 대책을 세우고 있다. 이러한 큰 흐름을 명확하게 인식하고 냉정하게 일을 풀어나가는 자세가 지금 일본정부에 요청된다고 하겠다.

핵쓰레기 '정리'

한가지 짚고 넘어갈 것이 있다. '폐로의 시대'가 온다는 것과 관련해서 문제가 되는 것은 역시 핵쓰레기문제이다. 폐로 쓰레기의 상당 부분은 비교적 방사능이 적은 콘크리트덩어리 같은 것이다. 현행 법률제도에서는 그런 것도 모두 방사성폐기물이니까 엄중하게 다루지 않으면 안된다. 그것을, 원전에서 매일 배출되는 드럼통에 넣은 방사성폐기물과 같은 차원에서 엄중하게 다룬다는 것을 생각하면 폐로 처분비용이 많이 들어간다.

그림11-3에 해체 폐기물에 드는 비용을 시산(試算)한 예를 소개했다. '경우 1'은 원자력자료정보실[27]이 시산한 것인데, 이 계산에 따르면 원전을 만드는 것보다도 원전에서 나오는 폐기물을 쓰레기로 처분하는 데 드는 비용이 더 크다. 여기서는 극단적으로 단순하게 계산했으며 100만킬로와트급 원전 1기를 폐로시키면 거기서 약 50만톤의 폐로 쓰레기가 나온다고 가정했다. 그중 상당 부분은 방

---

27) 반원전·탈원전 입장에서 원자력에 관한 자료수집, 데이터 해석을 통해 운동에 기여하는 것을 목표로 설립된 조직. 1975년 저자를 대표로 발족.

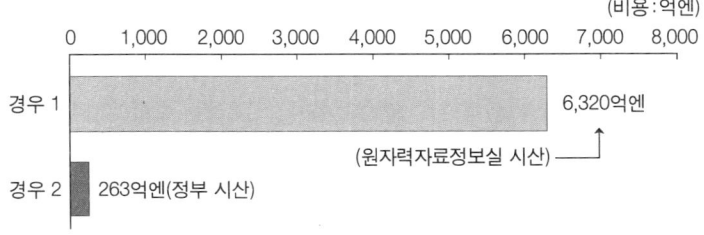

그림11-3 해체 폐기물에 드는 비용의 시산 (100만kW급 원전 1기를 폐로시켰을 경우)

사능 수준이 낮은 콘크리트인데 그런 것도 모두 현행법규에 따라서 방사성폐기물로 보았다. 방사성폐기물인 이상 아오모리현 록카쇼무라에서 하는 것처럼 지하매설 구덩이를 만들고 거기에 매설처분하여, 일정 기간 엄중한 감시를 한다고 가정할 경우의 비용이다.

그러면 너무 비싸지기 때문에 좀더 싸게 하는 방법이 여러가지 있다. 일본정부에서 생각하고 있는 것은 원전에서 나오는 쓰레기를 어느 정도의 방사능 수준에서 선을 긋고 그 범위를 줄여버리는 것이다. 정부에서는 이것을 '정리(clearance)'라고 하는데, 말하자면 방사능폐기물을 '정리'하는 기준을 만든다는 것이다. 정부의 '정리' 기준보다 농도가 낮은 방사성폐기물은 원전에서 나오는 쓰레기 중에서 부피로 치면 95퍼센트를 차지한다. 원자로 외부 건조물 등 건물을 이루는 부분이 주로 여기에 속하며, 그중에는 상대적으로 오염도가 낮은 기계류 등의 철재도 포함된다. 이러한 것은 일반 산업폐기물과 같이 처분해도 좋다거나, 또는 콘크리트라면 매립공사에 써도 좋고 철재는 재사용해도 좋다는 등 일정한 허용한도를 정해서 그 용도를 확대하면 처분경비가 거의 들지 않게 된다. 그렇게 한다면 원전의 노심 같은 방사능이 매우 강한 부분이나 주변 부분 등 일정 기준 이상으로 오염된 방사성폐기물만 엄중 관리해서 처분하면 된다는 것이다.

이러한 생각에 기초를 둔 정부의 시산이 그림11-3의 '경우 2'인데, 이에 따르면 100만킬로와트급 정도의 원전이면 200~300억엔 정도의 처분비용이 든다. 원전 건설비와 비교할 때 5~10퍼센트 정도의 경비로 된다는 얘기이다. 나의 시산(경우 1)과 같이 극단적으로 엄중한 처분방침이라면 원전을 폐로시킬 때 건설비의 1.5~2.0배 정도의 비용이 드는데, 이것은 원자력산업에서 도저히 감당할 수 없는 비용이다. 그렇기 때문에 어떻게 해서든 '정리'방침을 인정하게 해서 가능한 한 폐로 폐기물이라는 무거운 짐을 가볍게 하려고 획책하는 것이다.

이러한 생각은 대단히 무책임한 생각이다. 원자력산업 측은 타산을 맞추기 위해 폐로에 돈을 쓰고 싶지 않으니까 이미 자기들이 돈을 벌어들인 원전을 거의 공짜로 처분할 수 있도록 정부에 법률과 제반 제도 개정을 요구하고 있다. 정부도 결국 원자력산업과 한 통속이므로 정부의 원자력위원회에서는 이미 그러한 방향에서 안을 검토하고 있다. 그나마 마지막 단계에서 좀 지연되고 있는 것 같은데, 대체로 쓰레기 '범위 줄이기(정리)'를 승인하는 방향으로 나아가고 있다.

나도 모든 폐기물을 같은 차원에서 관리할 필요가 있다고 생각하지는 않는다. 다만 원전에서 나오는 폐기물의 95퍼센트를 일반 폐기물과 같이 처분해도 좋다는 식의 터무니없는 짓은 하지 말고,

어느 정도의 기준까지는 엄중하게 방사성폐기물로 다루어야 한다고 생각한다. 그렇게 하지 않으면 환경 속으로 뜻하지 않은 방사성폐기물을 배출하게 되기 때문이다.

정부가 생각하는 방법은 폐로 폐기물의 내용을 하나하나 점검해서 안전성이 보증된다는 것을 확인하고 원전 부지 밖으로 나갈 수 있도록 하는 것이 아닌 것으로 보인다. 아마도 어느 정도 커다란 기준에 따라 구분이 되고, 대략 이 정도면 내다버려도 된다는 식으로 환경에 방출될 것이다. 그러나 방대한 폐기물들 중에는 오랜 기간의 원전 가동을 통해 예상치 않은 오염에 노출된 것들이 있을지도 모른다. 그러한 오염은 여간해서 발견되지 않은 채 환경에 방출되어 나중에 큰 피해를 끼칠 수도 있다. 그런 걱정을 나는 하지 않을 수 없다.

정부가 말하는 폐로 폐기물의 '정리'는 전력회사로서는 더없이 좋은 얘기이다. 그러나 환경을 생각하고 미래를 생각할 때 도대체 무책임하다는 생각이 든다. 다시 한번 강조하건대, 우리가 직면하고 있는 것은 앞으로 새 원전을 만들고 그것으로 에너지를 만드는 문제보다도, 지금 있는 원전을 어떻게 안전하게 폐로시켜 폐기물을 안전하게 관리하는가 하는 문제이다. 이에 대한 논의를 본격적으로 해야 하고, 또한 제대로 훈련을 쌓은 젊은 기술자들을 키워서 그들이 전문적으로 폐로 폐기물의 안전관리에 관여할 수 있는 환경을 만들어나가지 않으면 안된다. 폐기물을 '정리'해버리려는 이 무책임한 움직임 앞에서 나는 너무도 큰 불안을 떨쳐버릴 수 없다.

제4절 방사성폐기물과 잉여 플루토늄 문제

'화장실 없는 맨션' 상황

원전 폐기물문제에 관해 생각한다면, 폐로에 따른 문제뿐만 아니라 원자력산업이 지금도 날마다 배출하고 있는 방사성폐기물이라는 더욱 우려스러운 과제가 있다. 특히 문제가 되는 것은 사용한 연료에 포함된 '죽음의 재' 본체 부분으로서, 이것을 '고준위폐기물'이라고 한다. 이 중에는 그 수명이 몇백만년이나 되는 방사성폐기물이 포함되어 있는데, 이것을 어떻게 처분하느냐 하는 것이 더욱 큰 문제이다.

이 책에서는 폐기물 처분에 관해서는 본격적으로 언급하지 않았다. 이 문제만 다루더라도 일련의 방대한 주제를 건드리지 않으면 안되기 때문이다. 또 까다롭게 제기되는 새로운 문제를 생각하지 않을 수 없기 때문에 여기서는 극히 간단하게 언급하기로 하겠다.

일본에서는 정부 방침에 따라 원전에서 사용한 연료는 재처리해서, 거기서 나오는 재처리 폐액 속에 포함된 '죽음의 재' 본체는 유리 속에 가두어 고체화시킨다. 그리고 고체화된 고준위폐기물을 '오버팩(overpack)'이라는 탄소강 용기에 넣어서 지층에 묻고 다시 그 주위를 점토로 싼 다음에 그 전체를 암반 속에 묻어버리기로 결정했다. 지하 500미터나 1,000미터 되는 깊은 곳에 묻어버리는 것으로서, 일본 어디나 장소만 적당히 찾아내서 매설처분하면 방사성물질이 밖으로 새어나와 주민 생활에 영향을 미치는 일은 없다고 정부는 주장하고 있다.

이러한 처분을 '고준위 방사성폐기물의 지층처분'이라고 한다. 지층처분이 가능하다는 '핵연료사이클 개발기구'가 만든 보고서가 1999년 11월에 나왔는데, 이것을 〈제2차 보고서〉니 〈2000년 리포트〉니 하고 부른다. 또 그러한 맥락에서 2000년 5월 31일 국회에서 '특정 방사성폐기물의 최종처분에 관한 법률'을 제정하였으며, 그것을 실시하는 처분 주체로 '원자력발전 환경정비기구'를 설립하기로 했다. 처분비용은 전기요금에 포함시켜 전력회사가 부담하게 되며, 전력회사 등이 이 기구의 설립 주체가 된다.

그런데 여기에는 대단히 큰 문제가 있다. 특히 처분의 안전성을 보증했다는 〈2000년 리포트〉는 그 내용을 보면 기술적으로 불명확한 데가 많이 있다.

일본은 지층이 매우 불안정하다. 게다가 지하수의 움직임 등 지하의 환경에 대해서는 과학적인 연구가 거의 없는 실정이다. 그런데다가 이렇게 처분하려는 방사성물질은 몇백만년 동안 인간환경과 완전히 격리시켜야 하는 위험한 물질이다. 잘라 말하면 정부 보고서가 제시하고 있는 정도의 근거로는 지층처분의 안전성이 확증되었다고 결코 생각할 수 없다. 보고서의 근거가 되는 '핵연료사이클 개발기구'의 각종 연구보고를 다카기학교[28]나 원자력자료정보실의 동아리들과 검토해보았지만 그 결과, "안전하게 처분할 수 있다"고 말할 수 있는 근거가 정부 보고서 자체에 없다고 단언할

---

28) 주류 과학에서 독립적인 '시민의 방법에 의한, 시민을 위한 과학과 과학자'를 육성하고 양성하기 위해 저자가 교장이 되어 시작한 프로젝트. 1998년 12월 개교. 다카기학교에 관한 더 자세한 내용은 《시민과학자로 살다》(녹색평론사)를 참조.

수 있다.

이 문제에 대해 논의하자면 끝이 없지만, 여기서는 그만하겠다. 세계적인 추세를 보아도 방사성폐기물을 방출하면서 원자력발전을 한 곳에서는 사용한 연료를 그대로 묻거나 재처리 후 유리고화체로 만들어 묻거나 차이는 있지만, 어쨌든 땅속에 묻을 수밖에 없다는 추세다. 그러나 실제로 묻을 장소를 찾으려고 하면 어디서나 막다른 골목에 부딪힌다. 지하수의 흐름이 있기 때문에 오염의 확대가 우려되는 곳도 있고, 지하수 흐름과 지층의 안정성이 확실하지 않은 곳도 있다. 이러한 구체적인 문제가 발생하고 있기 때문에 지층처분이 실제로 진행되는 나라는 없다.

더구나 일본은 지층이 대단히 젊고 움직임도 활발하기 때문에, 지층처분의 안전성이 보장되고 주민들을 납득시킬 수 있는 장소를 찾는 것이 다른 어떤 나라보다도 어렵다. 그러므로 '화장실 없는 맨션아파트'라는 상황은 본질적으로 달라진 것이 없다.

그러나 정부로서는 원전을 가동하는 한 핵쓰레기를 어딘가로 가져가지 않으면 안된다. 어느 나라 정부나 마찬가지겠지만 도무지 답이 나올 수 없기 때문에, '얍' 하고 땅속 깊숙한 곳에 묻어버리는 마술 같은 게 있으면 좋겠다고 한숨을 쉬는 게 고작이다.

원자탄 4천발분의 잉여 플루토늄을 보유한 일본

이 문제는 어차피 별개로 논의해야 할 문제이지만, 여기서 또 한 가지 짚고 넘어가지 않으면 안될 문제가 있다. 앞으로 지층처분이 실제로 진행되는 것은 경계하지 않으면 안되지만, 더욱 절박한 문제들은 그렇게 하기 전에 이미 존재한다.

그 절박한 문제 가운데 하나가 이미 제9장에서 언급한 것으로서, 사용한 연료를 재처리할 필요가 없게 되어 그대로 축적하는 문제이다. 사용한 연료의 '중간저장'이라는 것이 제시되었지만, 실제로 중간저장할 장소가 없다는 점이다. 정부로서는 오히려 이것이 상당히 어려운 문제인데, 말하자면 막다른 골목에 와있다는 느낌이다.

또하나 언급해둘 것은 내가 전문적으로 다루어온 플루토늄문제이다. 플루토늄은 이미 대단히 많은 잉여가 있다. 현재와 같이 고속증식로도 정지되고 경수로의 플루서멀도 거의 안되는 상황에서는, 재처리에 의해 플루토늄을 계속 추출하면 방대한 플루토늄 잉여가 생길 것을 예상할 수 있다. 이것은 잉여 플루토늄을 보유하지 않겠다고 한 일본정부의 방침을 국제공약상 크게 위배하는 것이므로 대단히 난처한 문제이다.

어느 정도의 양이 과연 잉여냐 하는 논의가 있었지만 그것이 확실하지 않으므로 국제공약을 위반했다는 것도 실은 애매한 지적이다. 그러나 현재 일본은 이미 약 30톤이나 되는 잉여 플루토늄을 보유하고 있다. 원전에서 나오는 플루토늄도 7~8킬로그램만 있으면 핵무기를 만들 수 있다고 볼 때, 30톤의 플루토늄이라는 것은 엄청난 잉여라고 하겠다.(IAEA 지침에 비춰보아도 분명히 '유의미한 양'이라고 할 수 있다.)

위에서 말했듯이 핵무기 하나를 만드는 데는 8킬로그램의 플루토늄이면 충분하다. 이렇게 생각하면 30톤이라는 것은 약 4,000배 정도가 되므로 4,000발의 원자탄을 만들 수 있는 양이라고 해도 과언이 아닌 것이다. 그 정도의 잉여를 일본이 이미 가지게 되었으니, 국제적으로도 이것은 중대한 사태라고 하지 않을 수 없다.

과연 일본은 국제공약을 지킬 수 있는가

플루토늄 잉여에 대해서는 '몬쥬' 사고가 일어나기 전에 내가 시산(試算)한 수급예측에 관한 그림이 있다.(그림11-4)

이 그림은 '몬쥬' 사고가 일어나기 전인 1994년 당시 상황을 바탕으로 한 것으로서, 1995년 이후 일본의 플루토늄 수급관계를 예측한 것이다. 당시 나는 '몬쥬'는 거의 가동되지 않는다는 판단에서 '몬쥬'의 수요를 제외했다. 그런데 '몬쥬'는 1994년부터 가동되기 시작하여 95년에 사고를 일으키는 바람에 내 예측대로 정지되고 말았다. '몬쥬'에 의한 플루토늄 소비는 다소 있었지만 많은 양은 아니었다.

'후겐'이라는 원자로나 '죠요(常陽)'라는 고속증식 실험로도 조금은 플루토늄을 소비하지만 그 양은 그리 많지 않다. 1990년대 후반부터 플루서멀이라는 경수로에서의 플루토늄 사용, 즉 MOX 이용이 시작된다고 했으니, 정부 예측대로 되지는 않더라도 조금씩 진행되리라고 보고 '경우 1'과 같은 그림을 그렸다.

'경우 2'는 MOX 이용이 전혀 진행되지 않을 경우를 생각한 것이다. 그러고 나서 5~6년이 지나 2000년 현재를 맞이한 셈인데, 이 그림과 비교해보면, 이 그림의 예측을 따라서 일본의 플루토늄 잉여가 증가하고 있다.

그림11-4 **일본의 플루토늄 수급예측과 잉여의 시산**

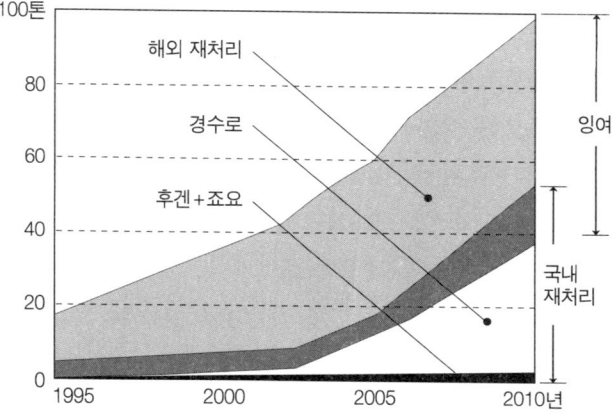

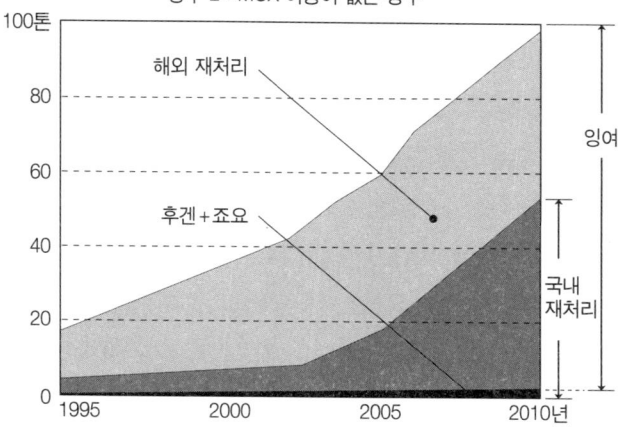

일본은 2000년 현재 30톤이 넘는 플루토늄을 보유하고 있는데, MOX 이용이 없을 경우의 그림과 같이 실제로 플루서멀은 이루어

지지 않고 있다. 이 그림에서 국내 재처리는 1995년에서 2000년 사이에 어느 정도 있을 것같이 그려져 있다. 토카이 재처리공장은 1997년 3월부터 가동되지 않았기 때문에, 이 부분은 다소 현실과 다르지만 플루토늄 양으로 치면 대단한 게 없다.

아무래도 중요한 것은 프랑스와 영국에 위탁하여 해외에서 재처리되는 과정에서 나온 플루토늄이다. 그 양이 많기 때문에 잉여가 아주 커진 것이다. 이 그림에서는 2003년부터 록카쇼무라의 재처리공장이 가동된다는 것을 계산에 넣었지만 지금 상황에서는 록카쇼무라 재처리공장이 실제로 움직이는 것은 2005년 후가 될지도 모른다. 그렇게 급하게 록카쇼무라에서 재처리가 진행된다고 볼 수 없기 때문에 세부적인 수정이 약간 필요할지도 모른다.

사실 이 그림의 기초가 되는 예측은 1991년에 내가 쓴 《핵연료사이클 시설 비판》(七つ森書館)에 실렸었는데, 지금 와서 돌아보면 현실은 기본적으로 그 예측을 전혀 벗어나지 않았다. 그러니까 10년쯤 전부터 예측한 것처럼, 해외에 재처리를 위탁한 플루토늄은 자꾸 돌아오는 반면 플루토늄을 적극적으로 이용하는 계획은 대부분 실패했기 때문에 이처럼 엄청난 잉여가 생긴 것이다.

그렇기 때문에 지금은 핵연료사이클이니 고속증식로니 하는 것을 논의할 때가 아니라, 자꾸만 증대되는 플루토늄 잉여를 어떻게 억제할 것인가를 논의해야 하는 시대가 된 것이다. 핵무기에 이용될지도 모르는 플루토늄의 잉여를 될 수 있는 한 억제하도록 하는 국제공약을 지키는 일이 사실은 폐기물문제 가운데 최대의 현안이 된 것이다. 폐기물문제에는 사용한 연료의 중간저장문제 등 여러가지 문제가 있다. 이제 그러한 문제를 제대로 논의할 필요가 있다.

폐기물로 다루어야 할 플루토늄

잉여 플루토늄은 일본에도 있지만 유럽의 잉여가 거의 대부분을 차지한다. 이와 관련해서는 우리 '국제 MOX 연료평가 프로젝트'가 내린 결론과 같이 플루토늄을 폐기물로 다루는 것이 가장 옳다고 본다. 미국이 핵무기에서 꺼낸 플루토늄을 기본적으로 폐기물로 다루려는 것과 같이 인간이 가까이 할 수 없게 해서 핵확산으로 이어지지 않도록 해나가는 것이다.

이것을 "핵확산에 대한 저항성을 높인다"고 표현하는데, 그러한 형태로 해서 보관해두는 게 좋다고 생각한다. 그렇지 않으면 테러리스트들이 접근하거나 국가적으로도 악용할 수 있으며, 어딘가로 흘러들어가 핵무기가 될 가능성이 아무래도 남게 된다. 가까이 할 수 없게 하는 데는 주위를 방사능으로 방위하는 것이 제일 좋다고 보는데, 그렇게 하는 방법으로 일반적으로 논의되는 것은 플루토늄을 고준위 방사성폐기물과 섞어서 고화(固化)시켜 보관하는 방법이다. 이때 필요한 만큼의 고준위 방사성폐기물 용액은 일본에도 존재한다는 것이 우리의 국제연구에서 내린 결론이었다.

또 유리로 고화시키지 않더라도 사용한 연료에 플루토늄을 매몰시키는 형태로 사용한 연료의 집합체 같은 것을 만들어 그것을 공기냉각식 용기에 넣어서 보관하는 등의 방법도 있을 수 있다. 어쨌든 기본적으로는 방사능으로 주위를 방어하여 아무도 접근할 수 없도록 엄중하게 보관하자는 것이다. 말하자면 폐기물을 처분하지 않고 관리형으로 놓아두는 방법이라고 할 수 있다. 물론 이것도 기분 나쁜 방법이지만, 지금 상황에서는 더이상의 현실적인 방법이 없는 것 같다. 이미 만들어놓은 플루토늄이므로 이밖에 다른 방법이 없는 것이다.

비유컨대 이 문제는 "판도라의 상자를 어떻게 닫을 것인가" 하는 문제라고 할 수 있다.

책을 끝내면서
판도라의 상자를 닫을 수 있는가

　우리는 플루토늄, 좀더 거슬러 올라가면 원자력이라는 판도라의 상자를 열고 말았다. 과연 거기서 나온 이러저러한 것을 다시 판도라의 상자로 되돌아가게 하고 상자를 닫을 수 있을까, 그러한 일이 가능한가 하는 문제 앞에 우리는 서있다. 이것은 실로 엄청난 문제이다. 판도라의 상자를 도로 닫는다는 것은 상징적인 표현이지만, 원자력 전체를 '현대의 신화'라고 보고, 원자력신화에서 어떻게 해방될 것인가를 논의해온 이 책의 결론으로서는 어울리는 문제설정방법이라고 생각한다.

　말이 나온 김에 희랍신화로 되돌아가서 생각해보자. 희랍신화에도 몇가지 판본이 있는 것으로 아는데, 일반적인 얘기에서 판도라는 신들이 의도적으로 만들어서 에피테우스의 아내로 지상에 내려보낸 여자이다. 에피테우스는 잘 알려진 프로메테우스의 아우인데, 프로메테우스가 태양의 불을 훔쳐가지고 그것을 사용하는 기술과 함께 인간에게 주었다고 해서 형과 함께 최고의 신 제우스의 노여움을 사게 된다. 판도라의 상자는 제우스의 '응징의 한가지'로, 판도라에게는 "절대로 뚜껑을 열어서는 안된다"는 엄명이 내려진다. 하지만 그토록 매력적인 상자를 판도라는 열지 않고는 배겨내지 못한다. 물론 이것은 제우스가 노린 것이기도 했다.

판도라가 상자의 뚜껑을 열자 모든 재앙이 밖으로 쏟아져나와서, 불과 기술로 오만불손해져 있던 인간들을 응징한다는 이야기이다. 그런데 여기에 이어지는 결말에는 두가지 버전이 있다.

첫번째 버전은 절망적인 것이다. 상자 속에서 거의 모든 것이 밖으로 나와버렸지만 아직 하나가 남아있다. 그것은 앞을 내다보는 '예지'이다. 즉 인간은 불과 기술을 손에 넣기는 했으나 미래에 대한 '예지'는 전혀 없는 채 남겨졌기 때문에 오직 혼란이 확산될 뿐이었다는 것이다.

두번째 버전은 이에 비해 훨씬 낙관적이다. 여기서 상자 속에 남아있는 것은 '희망'인데, 다시 말해서 아직 인간에게는 희망이 남아있다는 것이다.

이 두가지 결말 중에서 어느 해석을 택할 것인가는 이야기를 듣는 이의 마음가짐의 문제처럼 여겨진다. 따지고 보면 신화는 신화이다.

나는 조금 약은 것 같지만 이 두가지를 통합한 해석을 하고 싶다. 다시 말하면 우리가 비록 앞날을 내다보지 못한 채 핵기술 따위를 손에 넣었고 당해낼 수 없는 플루토늄이나 폐기물을 남기게 된 것은 사실이다. 그러나 아직까지 '희망'이 남아있다고 믿고 싶다. 이쯤에서 핵시대에 종지부를 찍고 현존하는 핵무기나 플루토늄, 방사성폐기물을 지혜를 모아 엄격하게 관리하도록 노력한다면, 그리고 더욱 평화롭고 안전한 방향으로 문명을 전환시키려는 노력을 한다면 아직도 늦지는 않았다고 생각한다. 이것은 단순한 생각이나 기대감에서 하는 말이 아니다. 여기서는 쓰지 않았지만 내 나름대로의 과학적인 평가를 하고 난 생각이다.

그러나 우리에게 이제 시간이 남아있지 않은 것도 확실하다. 일각이라도 빨리 이러한 전환에 착수하지 않으면 안될 것이다. 세계의 많은 지역에서 이미 시작된 일이지만 일본에서도 그러한 방향으로 더욱 대담하게 나설 필요가 있다. 중요한 것은 우리들의 미래를 우리 손에 넣을 수 있다고 하는 희망을 버리지 않아야 한다는 것이다.

열어버린 판도라의 상자를 다시 닫을 수는 없지만, 그 속에 남아있는 '희망'을 꺼내서 키워나갈 수는 있다고 생각한다.

2000년 7월
다카기 진자부로

옮긴이의 말

　《원자력신화로부터의 해방》은 다카기 진자부로의 유언이라고 할 수 있다. 이 책은 일본에서 2000년 8월 1일자로 출간되었는데, 며칠 뒤 자필 서명된 책이 나에게 우송되어 왔다. 그가 말기 암으로 병원에 입원한 것이 7월 초였으니 이 무렵 그는 병상에 누워있었던 것이다. 그리고 마침내 2000년 10월 8일, 그는 영면했다.
　이 책을 번역하면서 나는 한구절 한구절, 그와 대담하는 것 같은 심정으로 일을 했다. 다카기 박사는 원자력자료정보실을 창설해 — 금년은 창설 25주년이 되는 해이다 — 원자력과 싸워왔다. 그가 말하는 '시민과학자'로서 일생을 바쳐온 것이다.
　여기에 그가 마지막으로 남긴 메시지를 유족의 승낙을 얻어 싣는다. 그렇게 하는 것이 그의 유언적 저서인 이 책을 더욱 빛낼 것이라고 생각하기 때문이다.

다카기 진자부로가 보내는 마지막 메시지

친구에게

"죽음이 가까이 왔다"고 각오했을 때 생각한 것 중의 하나는, 될 수 있는 한 많은 메시지를 다양한 형태로 여러 사람들에게 남겨야 하겠구나 하는 것이었습니다. 나는 그동안 적잖은 책을 썼으며, 또 미완인 채로 남겨두게 되었습니다.

미완으로 남겨두면 안되는 것 중의 하나가 지금 쓰고 있는 메시지인데, 그것은 가령 '추억의 모임을 위해서 미리 쓰는 메시지'라고 제목을 단 메시지입니다.

나는 성대한 장례식 따위는 안해줬으면 하고 생각하며, 만일 여러분에게 그런 마음이 있거든 '추억의 모임'을 적당한 시기에 열어달라고 유언을 해뒀습니다. 그렇기 때문에 그 모임에 보내는 나의 최소한의 메시지도 필요할 거라고 생각했습니다.

먼저, 여러분 정말 오랫동안 고마웠습니다. 체제 내에서, 대단히 표준적인 한 과학자로 일생을 바쳐도 하등 이상할 게 없는 인간을 많은 분들이 따뜻한 손을 내밀어서 단련시키고, 다시 사람답게 해주셨습니다. 그래서 그럭저럭 '반원전 시민과학자'로서 일생을 관철할 수 있게 해주셨습니다.

반원전으로 살아간다는 것은 고통도 있었습니다만 전국, 전세계의 진솔하게 살아가는 사람들과 함께한다는 것, 그리고 역사의 큰길[大道]을 따라 걷는다는 확신에서 오는 기쁨은 작은 어려움들을 훌훌 뛰어넘는 힘이 되어 언제나 나를 앞으로 나아가게 해주었습니다. 나는 '바른생활상'을 비롯해 몇가지 상의 혜택을 받았습니다만, 그러한 것들은 되풀이해서 말한 대로, 뜻을 같이한 많은 분들과 서로 나눠야 할 상입니다.

애석하게도 나는 '원자력 최후의 날'을 살아서 보지 못하고 먼저 가지 않으면 안되게 되었습니다만, 최소한 '플루토늄 최후의 날'은 살아서 보고 싶었습니다. 그렇지만 그것도 이제 시간문제일 것입니다. 이미 모든 현실이 우리의 주장이 옳았다는 것을 보여주고 있습니다.

그러나 낙관만 할 수 없는 것은, 이러한 말기증상 속에서 거대 사고와 부정(不正)이 원자력의 세계를 엄습할 위험성이 남아있기 때문입니다. JCO사고에서 러시아 원자력잠수함 사고에 이르는 지난 1년간을 생각할 때, 원자력시대의 말기증상에 의한 대사고의 위험성과, 이러다가는 방사성폐기물이 허술하게 처리되지 않을까 하는 위구심(危懼心)이 이제 먼저 가는 인간의 마음을 가장 괴롭힙니다.

뒤에 남는 사람들이 역사를 꿰뚫어보는 투철한 지혜와 대담하게 현실에 맞서는 활발한 행동력을 가지고 일각이라도 빨리 원자력시대에 종지부를 찍기를 바랍니다. 나는 어딘가에서 반드시 여러분의 활동을 지켜보고 있을 것입니다.

내가 한가지만 여러분에게 부탁하고 싶은 것은 부디 오늘을 서글픈 날로 하지 말아달라는 것입니다. 울음소리나 우는 얼굴은 나에게는 어울리지 않습니다. 오늘은 탈원전, 반원전 그리고 더욱 평화스럽고 지속적인 미래를 지향하는 새로운 맹세의 날, 출발의 날로 모두가 함께 즐기는 날로 해주시기 바랍니다. 그리고 "다카기 진자부로라는 바보 같은 놈도 있었지" 하고 잠깐 생각도 하면서,

핵 없는 사회를 향한 여러분의 꿈을 얘기하는 그러한 날로 합시다.

영원히 여러분과 함께
다카기 진자부로
세기말에 즈음해서 새로운 시대를 바라보면서

이 책은, 그동안 원자력 반대투쟁을 끈질기게 이어온 한국의 반원전운동진영에서 금년 9월 중순 개최할 제8회 '아시아 반핵포럼'에 맞추어 출간하는 것이다. '타산지석'이라는 말도 있지만, 핵문제는 국경이 없는 인류 공통의 문제이므로 다카기 박사와 일본 반핵그룹의 승리의 발자취에서 우리는 많은 가르침을 받아야 한다고 생각하여 이 책의 출판을 서둘렀다.

끝으로 《시민과학자로 살다》에 이어 이 책의 출간을 기꺼이 허락한 녹색평론 김종철 발행인과 편집실 식구들 그리고 원고를 자세히 읽고 다듬어준 장위중학교 남희정 선생님께 진심으로 감사인사를 올린다.

2001년 8월
김원식

역자

김원식(金源植, 1923-2013)
충북 괴산 출생.
서울대학교 문리과대학 정치학과 중퇴.
공해추방운동연합에 참여했으며, 반핵활동에 몰두
이후 환경정의운동과 한일 반핵운동 연대활동에 헌신했다.

역서로 《위험한 이야기》, 《지구를 파괴하는 범죄자들》, 《환경정의를 위하여》, 《시민과학자로 살다》, 《환경학과 평화학》, 《지금 자연을 어떻게 볼 것인가》, 《원전을 멈춰라》 등이 있고, 그 외 편서 및 팸플릿 다수.

원자력신화로부터의 해방

초판 제1쇄 발행 2001년 9월 20일
개정판 제4쇄 발행 2022년 3월 11일

저자 다카기 진자부로
역자 김원식
발행처 녹색평론사

주소 서울시 종로구 필운동 146-1번지 201호
전화 02-738-0663, 0666
팩스 02-737-6168
웹사이트 www.greenreview.co.kr
이메일 editor@greenreview.co.kr
출판등록 1991년 9월 17일 제6-36호

ISBN 978-89-90274-65-6 03500

값 12,000원